典型海岛高陡石英岩崖壁地境再造生态修复关键技术研究

DIANXING HAIDAO GAODOU SHIYINGYAN YABI DIJING ZAIZAO SHENGTAI XIUFU GUANJIAN JISHU YANJIU

曹艳玲　彭　凯　吴　波　王树星　朱文峰
刘　杰　李昌盛　江海洋　范振华　著

内容简介

本书系统研究了高陡石英岩崖壁地境再造生态修复关键技术。统计了有人居住岛屿典型石英岩崖壁的体裂隙率，分析了其对植物生长的影响。进行了 Φ300mm 孔径钻孔的孔间横向裂隙的理论研究和试验，确定了最佳孔距。施工试验用崖壁钻孔并覆土绿化，开展崖壁凿孔孔内水汽场研究，进行持续监测后，分析不同孔径、孔深、阴阳面崖壁凿孔内温度和湿度变化规律，研究与降水量、日照等的相关性，确定适合石英岩崖壁凿孔绿化的最佳孔径。针对大小孔径，提出了最具经济价值和最佳绿化效果的方案。

本书图文结合，图件清晰美观，文字简明扼要，为非含水层的山体高陡坡面绿化提供了监测数据和研究参考资料。

图书在版编目(CIP)数据

典型海岛高陡石英岩崖壁地境再造生态修复关键技术研究/曹艳玲等著.—武汉：中国地质大学出版社，2024.4

ISBN 978-7-5625-5849-1

Ⅰ.①典…　Ⅱ.①曹…　Ⅲ.①岛-石英岩-生态恢复-研究-山东　Ⅳ.①X171.4

中国国家版本馆 CIP 数据核字(2024)第 093979 号

典型海岛高陡石英岩崖壁地境再造生态修复关键技术研究

曹艳玲　彭　凯　吴　波　王树星　朱文峰　刘　杰　李昌盛　江海洋　范振华　著

责任编辑：舒立霞　　选题策划：毕克成　段　勇　　责任校对：徐蕾蕾

出版发行：中国地质大学出版社(武汉市洪山区鲁磨路 388 号)　　邮编：430074

电　话：(027)67883511　　传　真：(027)67883580　　E-mail：cbb@cug.edu.cn

经　销：全国新华书店　　http://cugp.cug.edu.cn

开本：880 毫米×1230 毫米　1/16　　字数：241 千字　　印张：7.75

版次：2024 年 4 月第 1 版　　印次：2024 年 4 月第 1 次印刷

印刷：湖北新华印务有限公司

ISBN 978-7-5625-5849-1　　定价：128.00 元

前　言

党中央、国务院高度重视生态文明建设，党的十八届五中全会作出“实施山水林田湖生态保护和修复工程，筑牢生态安全屏障”的重大部署。党的十九大报告进一步提出“必须树立和践行绿水青山就是金山银山的理念，坚持节约资源和保护环境的基本国策，像对待生命一样对待生态环境，统筹山水林田湖草系统治理，实行最严格的生态环境保护制度”。党的二十大报告提出了提升生态系统多样性、稳定性、持续性，加快实施重要生态系统保护和修复重大工程。近些年国家对生态修复的要求更加具体和细化，修复效果要求更加精准。山东省“十强产业”也提到“发展特色鲜明的精品旅游产业”，其中对黄金海岸品牌，打造国际旅游休闲度假目的地提出了明确要求。海岛生态修复在消除地质隐患的前提下，绿化和美化比陆地更加需要被重视。

本书系统研究了高陡石英岩崖壁地境再造生态修复关键技术。通过监测数据的分析，针对高陡石英岩崖壁不同孔径地境再造，提出了最具经济价值和最佳绿化效果的方案，为岩性为非含水层的山体高陡坡面绿化提供了监测数据和研究参考资料。

全书共分六章。第一、四、五章由曹艳玲编写；第二章由吴波、刘杰、江海洋、康风新、吴立进、郝鹏编写；第三章由江海洋、李昌盛编写；第六章由彭凯、何兵寿、王树星编写；图件修改及文字调整由荆路、刘倩然、张小梅、刘文龙、杨帆完成。野外工作由朱文峰、范振华、蒋顺平、潘迎波、高庆、何强、崔素、王高阳、纪翔鹏完成，全书由曹艳玲、王树星、彭凯、何兵寿统撰定稿。

由于作者水平有限，书中难免存在疏漏和不足之处，敬请读者指正。

著　者

2023年10月

目　录

第一章 绪 论

党的十九大报告提出“必须树立和践行绿水青山就是金山银山的理念，坚持节约资源和保护环境的基本国策，像对待生命一样对待生态环境，统筹山水林田湖草系统治理，实行最严格的生态环境保护制度”。山东省出台多个政策，并明确提出“坚持山水林田湖一体理念，坚持保护优先，自然恢复为主，加快完善多层次、成网络、功能复合的基本生态体系，建设天蓝、地绿、水净、景美的美好家园”。山体恢复治理后，绿化植被有一定的养护期，养护期过后，植被必须有自己存活的能力，自然生长，不依靠人工养护，若养护期过后，植被不能存活，就不能达到治理的目的和效果，因此，如何以接近自然的方式永久性地恢复环境是当前急需考虑的问题。

近两年出现在高陡岩石上进行坡面岩石成孔并植树绿化的方法，能较自然地恢复被开挖出露的岩体，达到绿化的效果。目前已经试验成功的是在石灰岩等赋水性较好的岩石上开凿150mm左右的钻孔，填上种植土，栽上灌木，利用天然的雨水及岩石中赋存的水分为灌木提供生长所需的水分。这在雨水丰沛且岩石赋水性较好的地区效果较好，但是不满足这两个条件的地区，该方法无法保证栽植灌木的成活率。

在石英岩这种变质岩上开凿150mm和300mm孔径，并覆土绿化，种植乔木和藤蔓类植物，并且在高陡崖壁(高度30m以上，角度60°以上)上进行试验，是国内乃至世界的首次尝试。

第一节 海岛生态修复的意义

山东省“十强产业”中第九是“发展特色鲜明的精品旅游产业”，其中对黄金海岸品牌，打造国际旅游休闲度假目的地提出了明确要求。长岛作为北方曾经最大的海岛县，由于运输不方便，自20世纪80年代以来，岛上建房、修筑码头等用的石子都是在海岛开挖山体而来，导致岛上存在很多破损山体，多处为高陡崖壁，处于海岸线可视范围内，因此，对打造黄金海岸品牌，海岛生态修复除了消除地质隐患外，绿化和美化比陆地更加需要被重视。

长岛作为山东省曾经唯一的海岛县，2019年规划调整为长岛综合试验区，虽然以旅游业为主，但是与国内外其他旅游型海岛最大的区别是，除了特殊的自然风光外，还是北方唯一的候鸟驿站，同时还有北方唯一的妈祖庙官庙，位于长岛的庙岛，这是任何一个其他岛的行政区划上不具备的，在国内外具有唯一性。作为一个具有完善生态系统的旅游型海岛，其生态修复具有非常好的指导意义和借鉴意义。

长岛地质历史中经历了3次海进和海退，地质构造丰富，褶皱及断裂带较多，尤其是小的裂隙非常发育，在破损山体中从破损面能明显地见到不同发育程度的裂隙。虽然长岛破损山体岩性以石英岩为主，属于变质岩，并不是常规意义上的含水层，但是由于节理、小裂隙发育，为植物生长可提供所需的根系水，这在很多海岛中有很好的代表性。加之长岛岩性单一，通过监测更加容易找到高陡崖壁凿孔绿化中孔径、孔深等因素对于植物生长的影响和不同孔内的水汽场特征。因此，将长岛作为高陡崖壁绿化孔内监测的试验场所具有独特的优势。

第二节 国外研究现状

20 世纪 50—60 年代，欧洲、北美、中国等都注意到各自的环境问题，并开展了一些环境恢复和治理工程，获得了一定的成效。从 20 世纪 70 年代开始，国内外近 40 年的生态恢复研究主要涉及森林、农田、草原、荒漠、河流、湖泊和废弃矿地等。与陆域生态修复相比，海洋生态修复的研究起步较晚。但近些年来，由于海洋生态环境问题的日益突出以及生态系统退化趋势日益严重，海洋生态系统的恢复与重建受到国内外的关注，国内外已开展了大量的海洋生态修复研究与实践。从生态修复的研究尺度看，海洋生态修复的研究已从特定的物种或单个生态系统的生态修复工程逐渐向大尺度的生态修复转变，如加利福尼亚南湾、佛罗里达湿地、路易斯安那滨海湿地等修复项目，通过这些项目从生态修复目标的制定、修复技术、监测与评估等方面进行了系统的分析研究，并涉及多个不同生态系统类型的修复。在海洋生态修复的研究内容方面，从生态修复技术措施的单向研究向系统化研究转变，涉及生态修复的监测与评估、生态修复方法措施和生态修复管理等。Neckles 等(2002)基于一系列主要的生态系统结构参数，提出了适合于任何盐沼生态修复工程的监测方案，以及提出了个别修复工程的生态系统功能监测方案。Nienhuis等(2002)总结了荷兰过去 25 年生态修复的成效。Chapman 和 Reed(2006)介绍了墨西哥北部海湾的海岸生境修复的进展。Boesch(2006)介绍了生态系统管理在 Chesapeake Bay 和 Coastal Louisiana生态修复中的科学原则，并提出了生态系统管理在生态修复中应用的几点建议。

第三节 国内研究现状

国内学者针对“山水林田湖”开展了丰富的前沿探索，主要集中在内涵特征、机制体制和启示作用等方面。在内涵特征方面，刘威尔和宇振荣(2013)从系统科学和景观生态学角度出发，探讨了“山水林田湖”生态保护和修复的指导思想、目标、方法、技术和制度，指出其目标是提高以“命脉”为核心的生态景观服务功能；郑理(2016)认为“山水林田湖”生态保护修复的重点内容包括矿山环境治理恢复、土地整治与污染修复、生物多样性保护、流域水环境保护治理和全方位系统综合治理修复等。在机制体制方面，黄贤金和杨达源(2016)基于“山水林田湖”理念探讨了自然资源用途管制的路径创新；王波和王夏晖(2017)从工程实施的角度探讨了“山水林田湖”的生态保护修复实践。在启示作用方面，宇振荣和郧文聚(2017)指出“山水林田湖”理念体现了土地综合体整体性和尺度性，为耕地数量、质量和生态“三位一体”保护提供了方法论。

高陡岩质边坡(高度 30m 以上，坡度在 60°以上的边坡)的覆绿一直是世界性难题，学者们提出过很多解决的方法，如钢筋水泥框格法、爆破燕窝复绿法、垒砌阶梯复绿法、厚层基材喷射技术、种子喷播法、植生吹附工法、客土喷播法等，这些方法短期效果明显，但都是以工程技术手段实施，要么对坡度或岩性有一定的要求，超出要求范围后无法实施，要么需要持续的养护，一旦养护停止后，很容易出现“两张皮”，无法持续保持绿化效果。因此，地境再造技术近年来被提出来了，该方法对坡度没有要求，养护停止后，植物依然能够成活。关于高陡崖壁凿孔绿化方法，国内学者在灰岩地区进行了很多研究，取得了初步的研究成果。

徐恒力等(2004)对植物地境稳定层进行了研究。中纬度地区，地境对太阳热辐射的日最大响应深度为 0.8～1.0m，水土势的日变化底界为 0.9m，感知并传递地温昼夜变化信息的根系主功能区一般不会超过 1m。包括主根较深的乔木和沙漠植物在内的多种植物，植物总根重和根冠的 90%都集中在地表到 1.0m 的图层深度内，1.0m 以下的根重、根数、根土比均明显下降。地境环境可分为 2 层：第一层

(0～0.4m)上界面与大气相接触,受太阳辐射、降水、蒸发的影响,层内水分、盐分、温度的动态变化大;第二层(0.4～1.0m)不直接与大气界面接触,地表环境的作用通过第一层的传递变换才能到达此层,所产生的响应较小,且在时间上稍有滞后。

贾昊冉等(2014)调查了河南省锦屏山高陡岩质边坡并进行了相关试验,调查边坡岩性为灰岩,坡度多大于或等于70°,高度为30～150m,植物种植密度1株/m^2。岩体构造节理和卸荷裂隙发育。共调查了70个崖壁,裂隙2315条,崖壁裂隙一般为3～5组,个别7组,裂隙宽度一般为1mm,最大1cm。岩体体裂隙率为3%～5%,个别7%,最小裂隙也在2%以上。崖壁凿孔10～50cm深度内,灌木单株根系总体积为30～60cm^3,最高78.5cm^3,崖壁凿孔孔径15cm,孔深50cm,与水平方向呈45°夹角。根据对该地区植物地境结构的调查,灌木和乔木的根圈群地境稳定层的深度范围标准为30～50cm。结合裂隙湿度调查结果可以看出岩壁裂隙在30～50cm深度范围内时,温湿度均相对稳定,温度恒定,湿度大,水分含量高,50cm以深温湿度曲线趋于平缓,即使植物根系在裂隙中受到胁迫作用向深处生长,超出稳定层的范围,其温湿度条件仍相对适宜。

苏绘梦等(2017)对河南省锦屏山高陡岩质边坡的地境再造技术进行了深入的研究,在孔口和距离孔口0.2m、0.5m、0.8m、1m、2m分别埋设了温湿度监测器。在0～2m范围内,冬季岩体内温度为3～8℃,夏季为18.6～23.5℃,春秋季为14.6～23℃,满足多年生植被在冬季休眠期根系对温度不低于4℃,夏季生长旺盛时期不超过30℃的要求。岩体内部水汽绝对湿度冬季最低,孔内为4.6～7.12g/m^3,夏季最高,且基本处于饱和状态,为15.1～21.47g/m^3,春、秋两季介于中间。岩体内存在的气态水资源能满足根系对水分的部分需求,此外还需要吸收部分液态水。

李华翔等(2017)对河南省锦屏山高陡岩质边坡的2m深检测孔四季监测温度、相对湿度数据利用热力学相关公式,将实测相对湿度数据换算为绝对湿度,并根据温度、绝对湿度数据的统计情况,对研究区水汽场内温湿度分布规律进行了研究,发现4个季节里各检测孔内温度、绝对湿度均方差由外而内均呈现指数递减的规律。孔口至1m深度均方差下降明显,1～2m深度范围内均方差曲线基本稳定,略有下降,说明1m以深检测孔内温湿度变化波动较小,呈较稳定状态。

袁磊等(2017)在山东、河南地区的石灰岩高陡边坡上对植物生长的裂缝生境条件进行了调查,通过测量壁面体裂隙率、裂隙的温湿度、隙缝中土壤肥分,统计石灰岩山坡植物根群圈特征,得出高陡边坡植被重建所需的地下生境条件为:岩体体裂隙率适应值范围为1.2%～5%;小乔木与灌木的根群圈深度为20～40cm,此范围温湿度适应值分别为0～26℃、90%～100%,20～40cm即为物种的地境稳定层;土壤也需满足一定的肥分指标,全氮含量为0.23～8.08g/kg,全磷含量为0.48～1.85 g/kg,全钾含量为0.92～13.40 g/kg。该结果为我国北方中纬度半湿润地区灰岩高陡边坡人工覆绿的生态地质指标适应值。

张杨等(2019)以安庆集贤关某高陡岩质边坡裂隙较发育区域为试验场,该区域年平均降水量为1385mm,年平均蒸发量为917mm。边坡岩性为灰岩,坡度在70°以上,高度为30～45m,通过地境再造方法对边坡进行覆绿,孔径20cm,孔深50cm,孔间距约100cm,种植孔与水平方向呈45°夹角。以改进的彭曼公式计算植物实际需水定额,结合调查结果,可以看出,试验场种植区裂隙岩体单元中植物每年蒸散消耗的生态需水量为18.75～25.00kg,灌木较乔木成活率高,长势好,乔木成活率高低与乔木的耐旱性强弱有一定的相关性。

白冰珂等(2019)通过研究安庆市大龙山集贤关高陡岩质边坡覆绿植物成活的生态因子,发现覆绿边坡岩体裂隙因子、岩体内的温度因子和绝对湿度因子是影响植物成活的生态因子。该边坡坡度大于或等于60°,相对坡脚高度约为80m,岩性以灰岩为主,夹页岩或含泥质条带,年平均气温为17～28℃,年平均降水量为1 350.1mm,蒸发量为1 315.4mm。通过地境再造法对高陡崖壁进行覆绿,孔径5cm,孔深50cm,种植孔与水平方向呈45°夹角。覆绿边坡岩体裂隙连通性良好,裂隙率为1.77%～4.58%,岩体内体积含水量大于1%,温度为5～28℃,能够满足覆绿植物成活的要求。另外,在崖体上布设了3个4m深的钻孔,分别测量了夏季、冬季20～400cm孔内温度和湿度,发现20～400cm深度内夏季温度和湿度都是呈下降趋势，冬季温度和湿度都是呈上升趋势。

余启明等(2019)通过对河南省宜阳县锦屏山灰岩崖壁钻孔进行监测(2015—2016年)，发现横向上，在裂隙岩体浅部区域(孔深50cm以内)，湿度从春季到夏季增大，夏季到冬季持续减小，再到春季又增大；深部区域(孔深80cm以上)湿度春季到秋季持续增大，到冬季又减小，再到春季再增大。纵向上，春、夏、秋季裂隙岩体内水汽在水汽分压作用下由岩体上部向下部运移，冬季由岩体下部向上部运移。

张燕等(2022)研究了济南灰岩高陡崖壁地境再造体裂隙率和植物生长速度的关系，通过试验及监测得出优势植物，常绿植物优选侧柏、圆柏、大叶扶芳藤，落叶植物优选刺槐、黄栌、连翘，藤本类植物优选爬山虎。高陡岩质边坡体裂隙率小于0.12%时不适合采用地境再造技术进行生态修复，体裂隙率大于或等于0.12%时，随着数值的增加，植物冠幅多年平均增长率成正比增加。

以上在灰岩地区高陡岩体地境再造技术的研究和监测为本次石英岩地区研究提供了宝贵的借鉴资料。

第四节　岩体水分存在形式分析

地下水按照埋藏条件可分为包气带水、潜水和承压水。分布关系如图1-1所示。

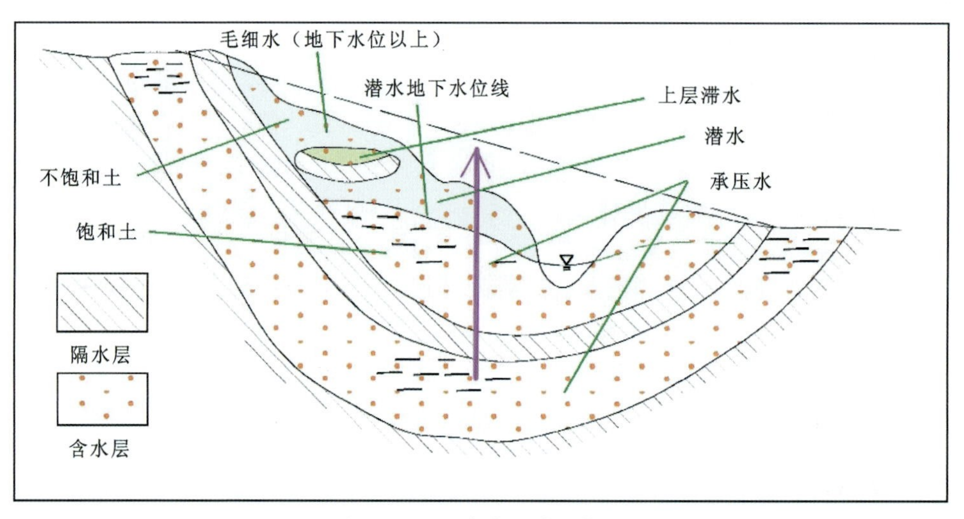

图1-1　地下水位置关系简图

包气带水是指地下水面以上的、空隙中气体与大气相通的、不饱和含水岩层中的水，包括气态水、结合水、毛细水、过路重力水、上层滞水(被局部隔水层蓄的水)。可被植物吸收，但不能被人们取用。

潜水是指地面下第一个隔水层上的饱和水。该类型地下水波状起伏，随季节而变化。

承压水是指位于两个隔水层中间、充满水的含水层。承受着一定的静水压力。

而山体中水可能存在的形式为潜水和包气带水。具体为由于山体中小裂隙的存在而存在的裂隙水和毛细水。裂隙水较常见和易于理解，不做过多叙述，仅对毛细水进行详细叙述。

毛细水指的是地下水受土粒间孔隙的毛细作用上升的水分。准确地说，毛细水是受到水与空气交界面处表面张力作用的自由水，其形成过程通常用物理学中毛细管现象解释。具体又可以细分为折叠支持毛细水、折叠悬挂毛细水、折叠孔角毛细水。而在山体细小裂隙中存在的为折叠支持毛细水。

分布在土粒内部相互贯通的孔隙，可以看成是许多形状不一、直径各异、彼此连通的毛细管，由于毛细力的作用，水从地下水面沿着小孔隙上升到一定高度，地下水面以上形成毛细水带，此带的毛细水下部有地下水面支持，故称支持毛细水。毛细水带随地下水面的变化和蒸发作用而变化，但其厚度基本不变。观察表明，毛细水除了作上述垂直运动外，由于其性质似重力水，故也随重力水向低处流动，只是运动速度较为缓慢而已。

根据不同的土的性质，毛细水理论上升高度各不相同，详见表 1-1。

表 1-1 毛细水理论上升高度经验数值表

土质名称	H_c/m	土质名称	H_c/m
粗砂土	0.02～0.04	亚砂土	1.20～2.50
中砂土	0.04～0.35	亚黏土	3.00～3.50
细砂土	0.35～1.20	黏土	5.00～6.00

注：数值取自 1984 年版《工程地质手册》和 1958 年版《水文地质》。

毛细水的上升主要依靠水与空气交界面处的表面张力作用，一般情况下，毛细水的最大上升高度的影响因素有以下 7 个。

1. 初始含水率

初始含水率越大，毛细水上升高度越低。由于水分子之间存在结合力和分子间吸引力，初始含水率越大，对毛细水上升的阻碍作用越大且土体基质势越低，导致驱动势能较小，最终上升高度较低。

2. 细粒含量

毛细水上升的主要通道为细小空隙，一方面细粒含量较多时更容易形成易于毛细水上升的细小孔隙通道，另一方面细粒含量增大使得孔隙体积减少，毛细水上升高度增加。

3. 压实度

对于粗粒土而言，其形成的孔隙较大，而毛细水上升的主要通道为细小孔隙，因此在一定范围内压实度越大，颗粒之间的孔隙越小，毛细水上升高度越高。

但由于土中含有一定量的水分与空气，当压实度过大时土中的细小孔隙被气体和水分堵塞反而阻挡了毛细水上升，最终毛细水上升高度会降低。细粒土液限影响毛细水上升高度，对于低液限细粒土，压实度对毛细水上升高度的影响与粗粒土大致相同；对于高液限细粒土，由于含有的细小颗粒比较多，土粒之间会形成比较多的重合结合水膜阻挡毛细水上升，使毛细水上升高度随压实度的增加而减小。

4. 土体颗粒粒径大小

土体颗粒较大时，形成的孔隙体积相对较大，较大的孔隙体积使毛细水上升通道变宽，毛细水上升高度减小。土体颗粒较小时，形成的孔隙体积相对较小使毛细水上升通道变窄，毛细水上升高度变大。

5. 孔隙率

孔隙率 $n=V_v/V$，其中 V_v 为孔隙体积，V 为土总体积。孔隙率越大，土体中的孔隙体积越大，使毛细水上升通道更加宽阔，毛细水上升高度降低。因此毛细水上升高度随孔隙率的增大而减小。

6. 温度与气压

温度与气压对毛细现象的影响表现为：一方面温度与气压改变了水的表面张力，使基质势能发生改变；另一方面温度会影响水的分子运动，温度较高时水分子运动较活跃，分子之间的吸引力较强，温度较低时水分子运动相对缓慢，吸引力较弱，使毛细水上升的驱动力发生改变。

7. 多层土中上层土的性质

对于多层结构土，当毛细水能够透过下部土层迁移到上部土层时，毛细水上升的高度是由上部土层的性质决定的。这是因为当毛细水上升到上部土层时，其基质势能与溶质势能由上部土层决定，与下层土无关。因此当毛细水穿越下层土到达上层土时，上层土决定了毛细水的驱动势能，进而影响了毛细水上升高度。

许多学者对毛细水的特性作了更多详尽的研究。董斌等(2008)利用 12 种不同粗细土对毛细水上升高度进行了综合试验和研究，发现任何土都是毛细水初期上升速度最快；上升高度随颗粒变细、含泥量增多和压实度增大而增大，上升高度的理论公式计算结果与实际测试结果差距较大。

吕秋丽和杨海华(2019)分析了粉土、砂土和黏土这 3 种典型土壤中毛细水上升规律，得出粉土毛细水上升高度最大、上升速度居中、上升持续时间最长，砂土毛细水上升高度居中、上升速度最快、上升持续时间最短，黏土毛细水上升高度最小、上升速度最慢、上升持续时间居中的规律(图 1-2)。

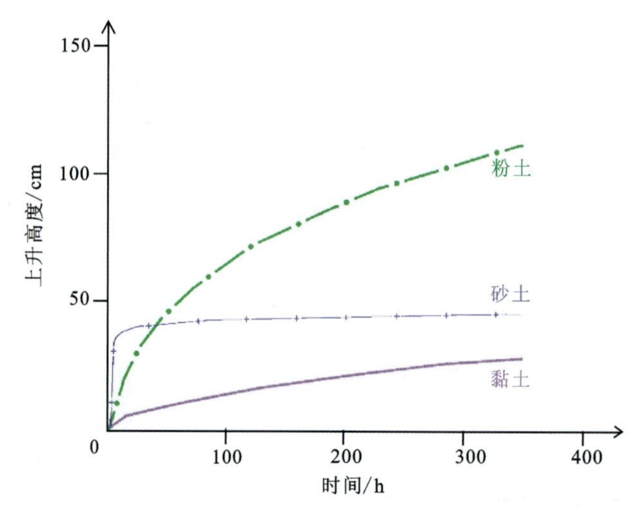

图 1-2　3 种典型土质毛细水上升与时间关系曲线图(据吕秋丽和杨海华，2019)

宋佳航等(2022)通过研究大足石刻宝顶山砂岩毛细水发现，低温、高湿度、通风不良均有利于毛细水的上升，因此，在冬季、高湿度、通风不良的极端情况下，毛细水上升高度可达到平常状态的 2 倍。

第二章　研究基础及工况选择

第一节　以往科研工作基础

一、高陡石英岩大口径崖壁凿孔绿化研究

2019年山东省第一地质矿产勘查院实施了“长岛县南长山街道办事处孙家村西废弃采坑地质环境治理”项目，该项目为一扇形采坑，岩性为石英岩，岩石风化程度为强风化—中风化，岩体极破碎—较破碎。主要结构面为构造节理、层理。扇形开口NE110°，底部开口处约32m，边坡上缓下陡，局部近于直立甚至形成负坡，采坑深度0～54.41m，崖面陡且高度大，常规治理困难。采用下部20°续坡，上部大口径崖壁凿孔绿化的方法进行尝试。凿孔孔径300mm，与水平方向呈20°夹角，孔口略微凹陷，孔深75cm（图2-1），边挖穴，边栽植。穴成横向间距1.2m、竖向间距1.2m的梅花形布置，内敷设种植营养土，绿化植物采用小叶黄杨、常春藤、扶芳藤两两搭配（每个孔一种灌木一种藤蔓类植物）种植，最终成功施工钻孔2500个，钻孔之间无连通和坍塌，实际施工群孔情况详见图2-2。治理后绿化效果明显（图2-3）。

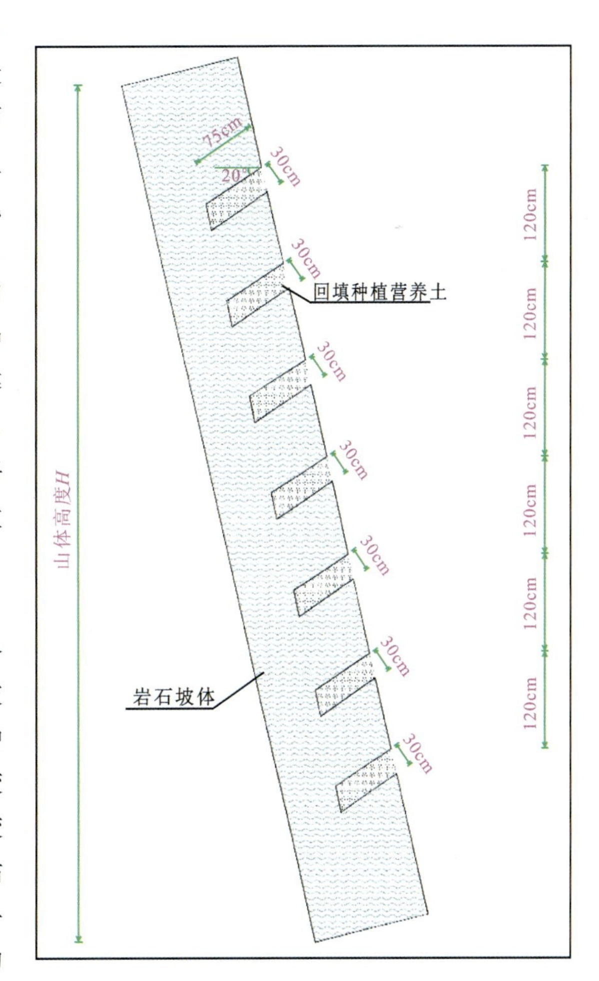

图2-1　坡体剖面挖坑示意图

该施工工艺上有革新点两个，新尝试一个：

一是独创地采用了一种大口径打孔方法，最终获批了发明专利“一种干旱少雨地区石英岩高陡坡面绿化方法”，为高陡石英岩绿化方法提出了一种新的思路。项目区山体岩性为石英岩，硬度大，较脆，普氏岩石坚固性系数 f 为20，对钻头的磨损较大，并且现在市场上能够水平钻进的300mm的钻机较少且价格昂贵，设备笨重，工期长，难以在脚手架上施工，直接在高陡边坡上成孔孔径300mm的种植孔难度非常大。结合搜集以往相关高陡边坡

图 2-2　钻孔群孔照片

图 2-3　长岛孙家治理前后对比照片

成孔经验及治理区崖面岩体节理裂隙发育的实际情况，经过全体施工人员集思广益，采用 3 个钻孔聚拢组合成一个钻孔，采用 KQD100A 型电动潜孔钻机施工（图 2-4），钻头选用 Φ130mm 的潜孔钻头，因冲击钻钻进时通常钻孔孔径比钻头直径大，因此孔间距设置为两两相距 2cm，使中间隔离的岩石容易被震落。经过多次试验，冲击钻进过程中的振动会将钻孔间的 2cm 隔离岩石震落组合成一个钻孔，两孔并排的孔径可达到 300mm，满足设计孔径要求。钻机的钻杆长 1m，可保证钻孔孔深达到设计的 750mm。每台钻机底座由钢管焊接而成，使钻进方向与水平面呈 20°夹角，与设计角度一致。钻机由 3 名工人操作，2 名工人负责移动、固定钻机及更换钻具等工作，另 1 名工人负责操作钻机的控制电机。该方法缩短了工期，而且降低了施工难度，缩减了成本，值得推广。

图 2-4　钻孔采用钻机照片

二是独创了灌溉水承接导流槽，最终获批了实用新型专利“一种灌溉水承接导流槽”，重塑了植物根系生长环境，显著提高了植物成活率。这种承接槽制作简单，抗腐蚀，制作成本经济，效果显著。该承接槽由管径为Φ100的PE管简单裁剪而成，将PE管每50cm长截断，然后沿管口方向劈成两半，每部分一端30cm部分加工成燕尾状，另一端20cm处保持完整，即加工完成(图2-5)。在每个种植孔口安装灌溉水承接槽，将承接槽燕尾一端沿种植孔孔底插入孔内，孔口外保留20cm。因为插入孔内段中间为燕尾状，不影响苗木根部发育，同时在后续灌溉系统安装过程中，外露的承接槽可以作为灌溉支管的承重固定端，还可作为滴灌水流以及自然降水的导流槽(由于种植孔所在的崖面陡直，自然降水很难补给孔内)，将滴灌及天然降水等灌溉水导入种植孔内，可大大提高苗木的自然生存能力(图2-6)。

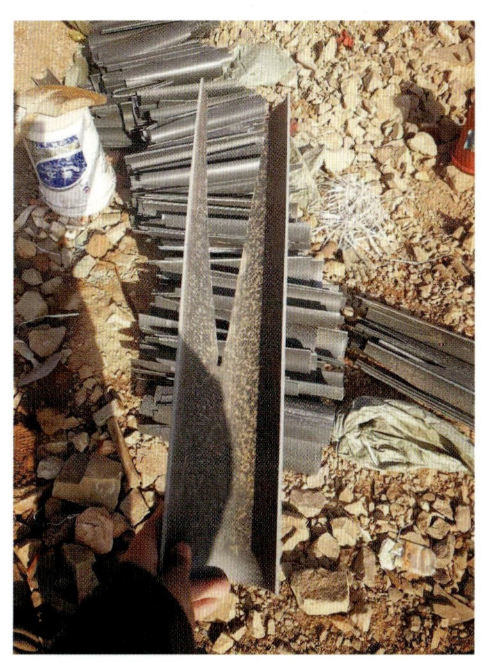

图2-5 灌溉水承接槽

图2-6 灌溉导流槽与喷管系统组合应用

新尝试是首次在崖壁凿孔中尝试采用乔木。由于本次施工口径大，长岛石英岩山体上黑松长势良好，说明石英岩能够满足黑松生长对于养分、水分等的要求，因此，在个别孔中种植黑松进行试验，经过3年，黑松存活且长势良好(图2-7)。

二、崖壁凿孔监测工作

该区域仅山东省第一地质矿产勘查院进行过崖壁凿孔初步监测工作，对两个施工区的崖壁凿孔进行了近1年的监测，对崖壁凿孔孔内温度、水分和崖壁旁边降水量、风速、日照等外部条件进行同步监测。根据监测曲线对比图(图2-8～图2-10)可以看出，两个地方距离较近，降水量、风速、日照等外部条件基本差不多，300mm孔径的孙家试验区与150mm孔径的小东山试验区相比，4个孔内温度差不多，变化曲线类似，但是湿度却相差很大，300mm孔径土壤湿度数值接近150mm孔径土壤湿度数值的2倍，150mm孔径内土壤湿度变化曲线与温度类似，300mm孔径内土壤湿度变化曲线总体趋势接近温度曲线，但是在降水时蒸发量小的季节湿度有明显增加，这对植物生长是特别有利的，绿化一年后的效果也很好地说明了这一点。

图 2-7　黑松试验种植两年半长势照片(2022 年 5 月 17 日)

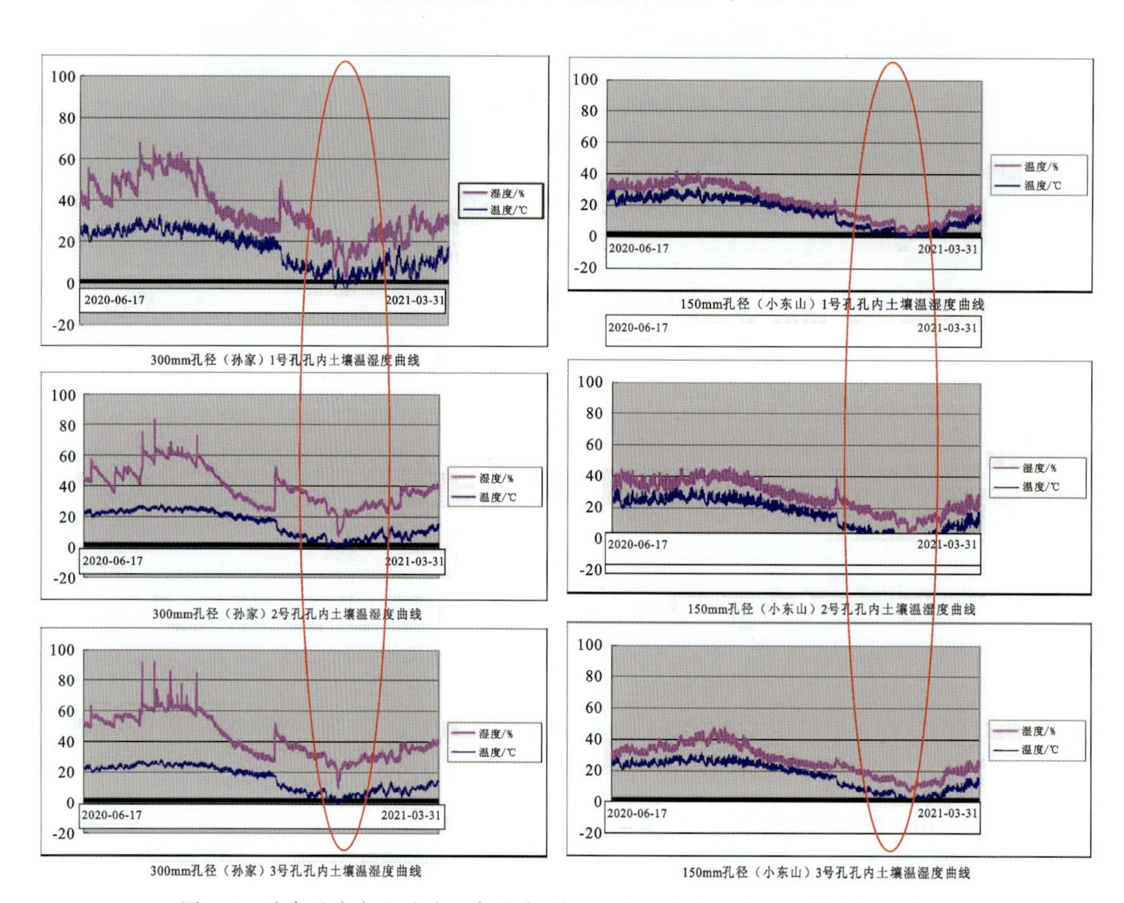

图 2-8　孙家及小东山试验区崖壁孔(孔 1～孔 3)孔内土壤温湿度曲线对比图

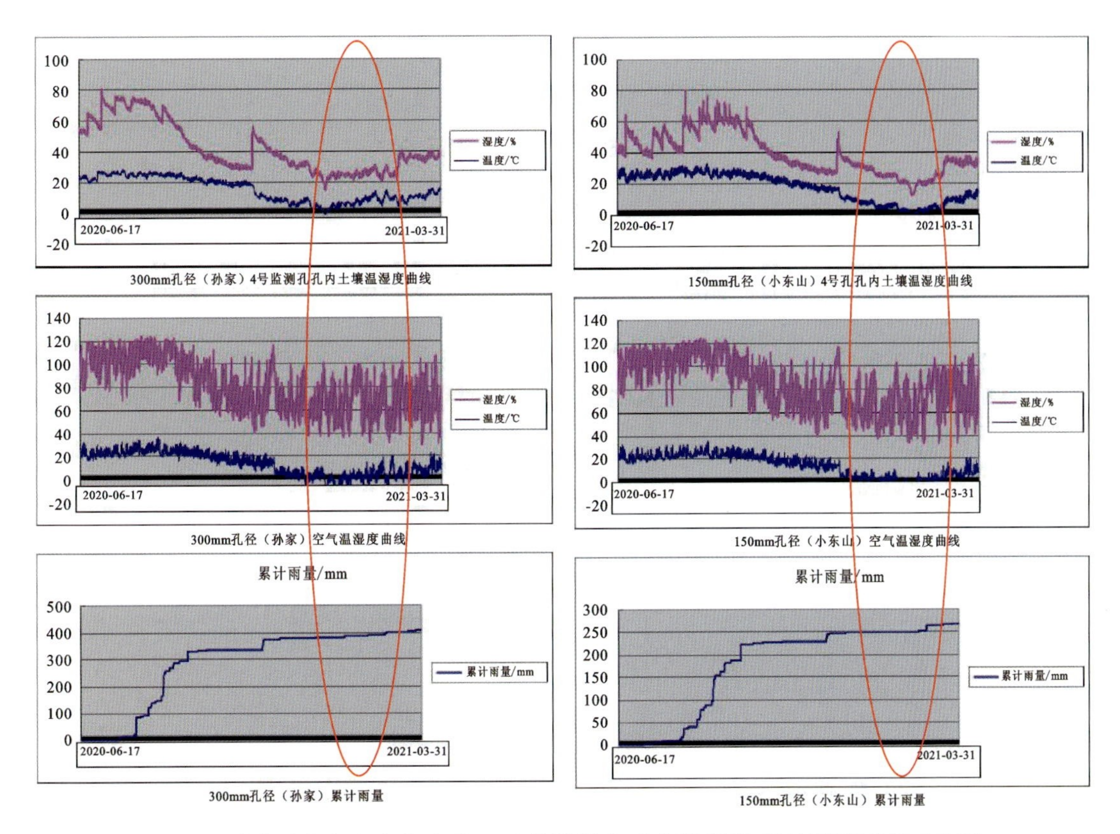

图 2-9　孙家及小东山试验区(孔 4,土壤温湿度、空气温湿度、累计雨量)曲线对比图

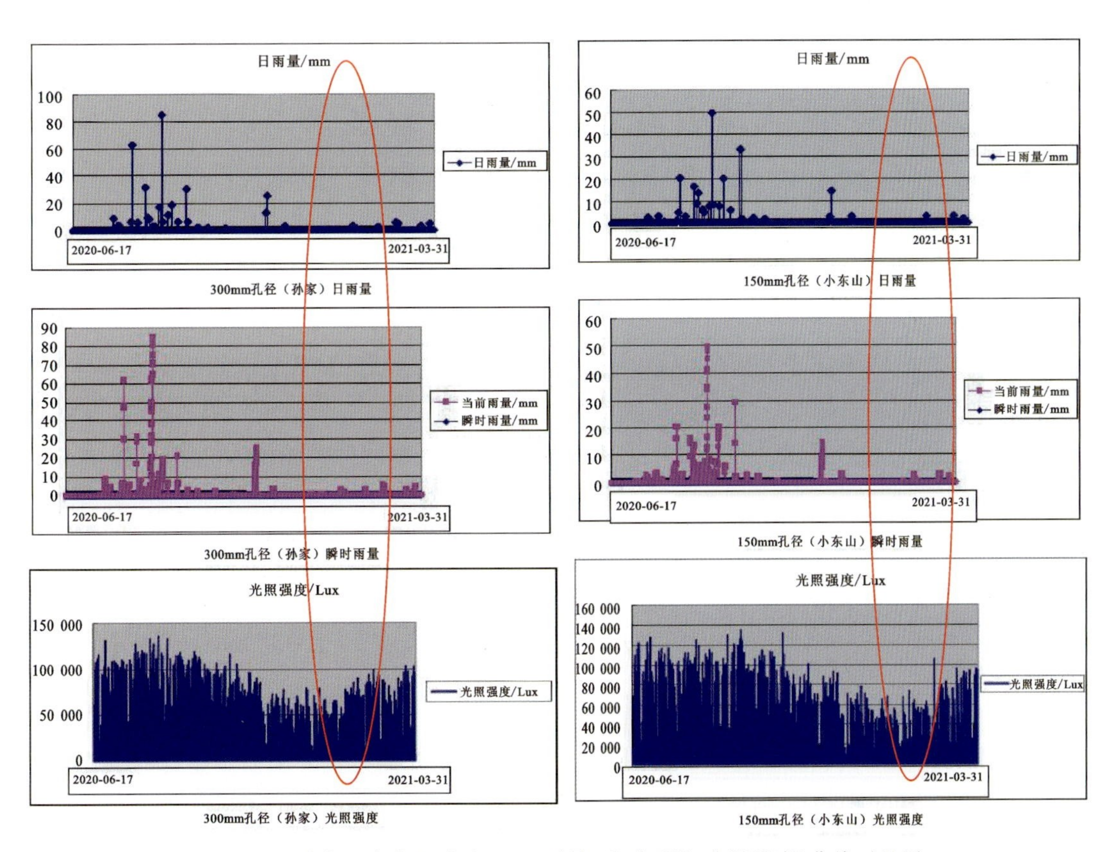

图 2-10　孙家及小东山试验区(日雨量、瞬时雨量、光照强度)曲线对比图

第二节　研究意义

有专家学者曾作过高陡灰岩崖壁地境再造技术研究，且口径为150mm，灰岩是常见的含水层，在水分的赋存方面有天然的优势。国内很多山体的岩性并不一定是灰岩，在隔水层岩性的高陡崖壁上地境再造技术是否可以应用，其应用上是否有适合隔水层岩性的孔径、孔深是现在急需解决的问题。长岛山体岩性为石英岩，属于变质岩，为隔水层，但长岛地质历史中经历过3次海退和海进，构造丰富，小的节理、裂隙较为发育。曹艳玲等(2020)对高陡石英岩崖壁凿孔过程中产生的径向裂纹、侧向裂纹、中间裂纹进行了相关的研究和试验，发现崖壁凿孔会增加石英岩所凿孔的3种裂纹，这些裂纹产生的小裂隙也增加了石英岩山体赋存水分的能力。

此外，关于高陡崖壁覆绿地境再造技术，山东省鲁南地质工程勘察院曾在济南章丘设立高陡灰岩不同孔径岩崖壁凿孔试验和监测，发现不同孔径孔内温度和湿度变化不大，但是在长岛石英岩中却有不同的发现。鉴于前期监测试验中300mm和150mm口径崖壁凿孔虽然距离较近，但不是在一个试验场地进行，并且只有口径不同，因此，需要系统地布置试验监测工作，以便进行系统的石英岩崖壁凿孔水汽场规律研究，同时，对裂隙较发育的石英岩高陡崖壁的研究必然会为高陡崖壁绿化技术提供更完善的基础资料。

综上所述，在长岛以石英岩为主要岩性的山体上进行崖壁凿孔，重塑植物根系环境，拓展地境再造技术的研究范围是非常有必要的，也一定会有新的发现，兼具社会意义、经济意义、生态意义和学术意义。

第三节　研究试验工况的选择

一、孔深的选择

根据白冰珂等(2019)在灰岩上作的试验，从20～400cm深度内夏季温度和湿度都是呈下降趋势，冬季温度和湿度都是呈上升趋势。本次将其测量曲线根据归一化规律进行整合，将夏季、冬季的温度和湿度曲线各自整合到一张图上(图2-11、图2-12)，发现冬季与夏季岩体内绝对湿度随孔深变化曲线在163cm处相交，平均温度随孔深变化曲线在137cm处相交，因此，本次工作试验孔的最大孔深取2m已满足试验需要。根据二分法原则，试验孔深可分1m和2m两类。

二、孔内监测位置选择

根据前述相关文献资料，已有灰岩钻孔深多为50cm、70cm、100cm，说明该深度是经过实践检验较为合适的孔深，因此，在本次试验孔为1m和2m的基础上，每个孔内设置4个监测设备，1m深孔内安装深度分别为0.25m、0.5m、0.75m、1m，2m深孔内安装深度分别为0.5m、1m、1.5m、2m，不但基本囊括了常用的孔深，而且按照倍增的原则适当增加了监测点，最大限度地减少了重复深度的监测点数量。

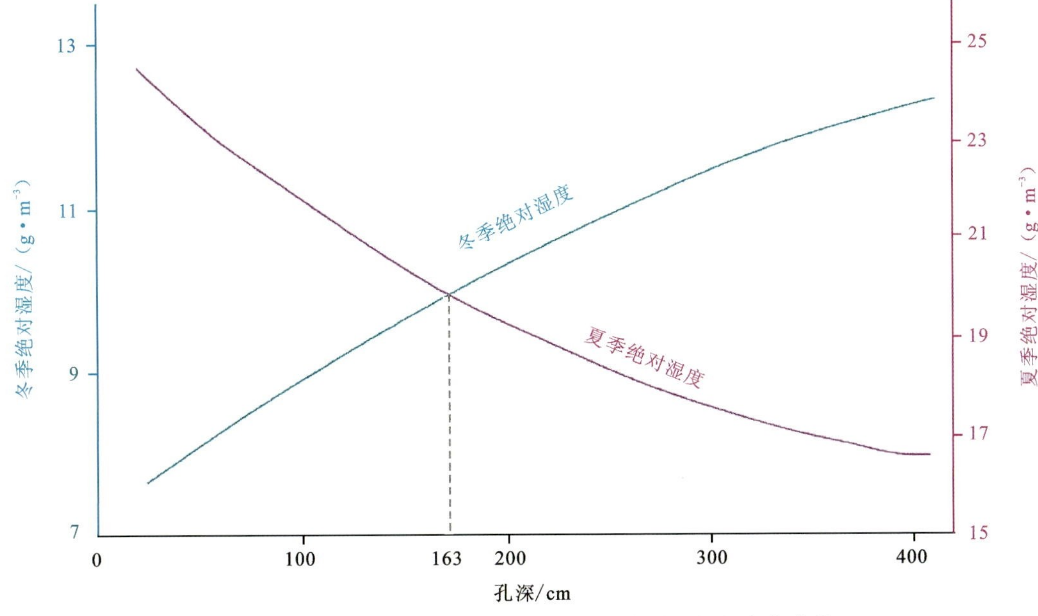

图 2-11　冬季与夏季灰岩岩体内绝对湿度随孔深的变化曲线

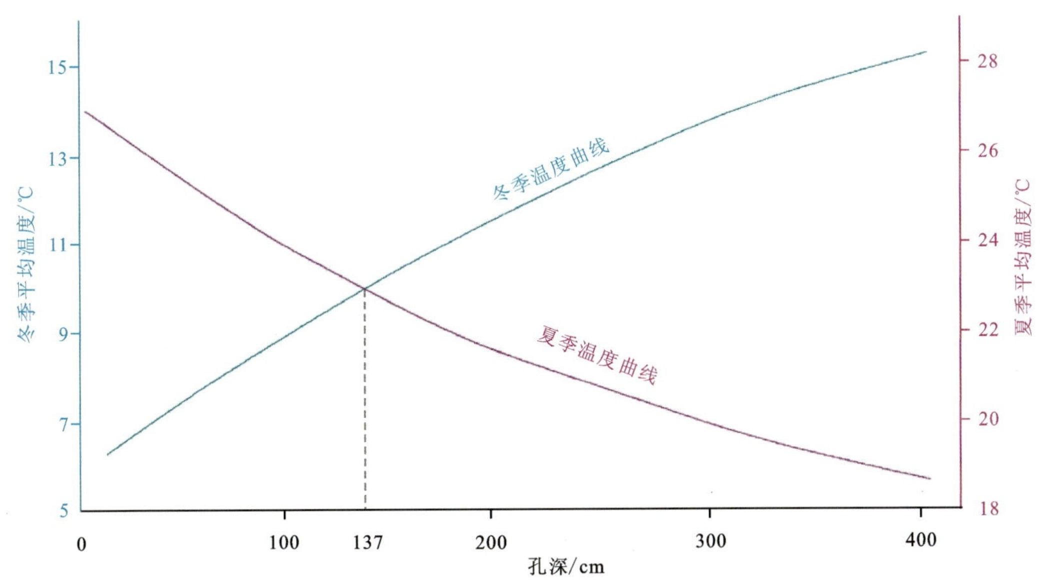

图 2-12　冬季与夏季灰岩岩体内平均温度随孔深的变化曲线

三、孔径的选择

根据早期初步试验孔的效果，在石英岩上 150mm 孔径和 300mm 孔径内植物都可存活，但明显 300mm 孔径内植物生长效果更好，并且目前灰岩崖壁凿孔孔径都在 150mm 以内，因此，试验孔的孔径选择 150mm 和 300mm，重点研究 300mm 孔径内的水汽场。

四、凿孔角度选择

崖壁凿孔为留住植物生长所需的水分，孔口必须按照一定的角度向山体倾斜，以便降水能够向孔内渗流。挡土墙等建筑物的泄水孔一般要求坡度为5%～10%，以便水能够很好地排泄，同样的道理，崖壁凿孔设置一定的角度是为了让降水能够均匀且流畅地流向孔底，由于土壤的黏滞系数明显大于水，凿孔角度显然要大于10°，但并不是越大越好。参照早年学者们关于土壤侵蚀与坡面的关系可知，坡度超过一定限度后，土壤侵蚀量与坡度成反比，如Renner(1936)在爱达荷州博伊西河流域得到土壤侵蚀坡度界限为40.5°，陈法扬(1985)采用人工降雨的试验进而得到土壤侵蚀坡度界限为25°。这从侧面可以反映水流流速也存在一个界限值。

因此，孔的角度不能太大，也不能太小。角度太大容易导致水快速流到孔底，在流动的过程中被土壤和植物截留得过少，不利于植物对于水分的吸收；角度太小容易导致水分流不到孔底，且容易被过早地蒸发掉。

刘丰敏等(2021)的研究中给出了粉土、粉质黏土、黏土、淤泥质土4种土的土样物理参数。其中粉质黏土与种植土成分类似，参照其物理参数，密度为2.00g/cm^3，塑性指标(I_p)为12.6，液性指数(I_L)为0.32，天然含水率为23.6%，孔隙比为0.676。该土在300kPa下固结，经测量，随着时间的不断增长，土样底部的超静孔压逐渐消散，最终趋于一个大于0的稳定值，该结果说明土样中存在初始水力坡度。

由于任何土壤都有一个天然含水量率，所以种植土中是有少量水分的，这导致土壤中有一个初始水力坡度，如果崖壁凿孔水力坡度太小使得初始水力坡度的存在导致水流最终无法继续向下流动，因此，必然存在一个最佳的崖壁凿孔角度范围。

崖壁凿孔内要覆种植土，而种植土分为砂质土、黏土质和壤土。其中壤土性能最佳，其性质介于砂土和黏土之间，因此种植土的土体一般为砂质黏土或黏质砂土。参照以往学者对于不同角度坡面水力坡度的研究可以为本次崖壁凿孔角度的选择提供很好的借鉴。

胡世雄和靳长兴(1999)在结合了其他学者观点和室内外观测资料后得出坡面侵蚀以溅蚀为主时，坡面土壤侵蚀的临界坡度小于22°；以面蚀为主时，临界坡度为22°～26°；以沟蚀为主时，临界坡度会超过30°；以重力侵蚀为主时，临界坡度可能会更大。

陈晓安等(2010)通过对黄土高原岔巴沟和王家沟径流场资料分析，发现土壤侵蚀临界坡度为31°，基于此，张龙齐等(2023)在中国科学院水利部水土保持研究所黄土高原土壤侵蚀与旱地农业国家重点实验室人工降雨大厅进行了一系列试验。试验选用敞口的土槽进行，土槽规格为5m×1m×0.5m(长×宽×高)，填土厚度0.3m，采用分层压实法，试验坡度为0°～40°，角度间隔为5°，槽内填土分为4类：砂质壤土、砂质黏壤土、黏壤土、壤质黏土。其中砂质壤土、砂质黏壤土土质与种植土类似，其试验结果可以作为参照。其中，砂质壤土坡面产流速率随坡度的增加出现先增后减的规律，坡面最大产流速率在坡度15°，最小产流速率在坡度25°；砂质黏壤土坡面最大产流速率在坡度20°和10°，最小产流速率在坡度25°和15°。在入渗速率方面，砂质壤土随坡度的增加出现先降后升的规律，最小入渗速率在坡度15°；砂质黏壤土最小入渗速率在坡度20°和10°，最大入渗速率在坡度25°和15°。径流流速方面，砂质壤土坡面随坡度的增加出现先增后减的规律，坡面最大流速在坡度20°；砂质黏壤土则是坡面流率在坡度10°最小。临界径流剪切力方面，砂质壤土坡面随坡度的增加而增加，坡面最大临界径流剪切力在坡度25°，最小值在坡度10°；砂质黏壤土最大临界径流剪切力在坡度20°，最小值在坡度15°。临界径流功率方面，砂质壤土坡面临界径流功率在坡度20°，最小值在坡度10°；砂质黏壤土最大临界径流功率在坡度20°，最小值在坡度15°。

综合以上研究和分析，选择流速较大侵蚀较小的合适角度为20°，也是本次试验孔的统一角度。

五、阴阳面的选择

植物生长除了离不开水分外，也离不开日照，因此，阴面和阳面植物的生长会有所不同，对于崖壁凿孔重塑植物根系环境，为了检验日照的影响，试验孔分阴面和阳面分别进行试验。在自然界，破损山体很难存在24h见不到太阳的整个山体，背阴面往往是日照时间不够，因此，阴面选择每天能有部分时间接受日照的非纯阴面的位置进行试验，更加符合实际情况。

六、植物选择

植物选择条件为耐旱、耐贫瘠。黑松耐干旱、耐贫瘠，土壤缺肥也能正常生长，耐海雾，抗海风，抗病虫能力强，有一定的耐寒性，四季常青，生长慢，不耐水涝，不耐寒，喜光，适合生长在温暖湿润的海洋性气候区域，最宜在土层深厚、土质疏松，且含有腐殖质的砂质土壤中生长。因此，在长岛石英岩中自然生长的黑松多且成活率高，结合试验区自然地理条件和工程特性，黑松是乔木类的最好选择。扶芳藤耐阴、耐病虫害，对土壤适应性强，喜湿润环境，适合砂壤生长，因此在海岛生存情况良好。

综上所述，灰岩崖壁凿孔绿化研究已经进行了很多，笔者首次尝试石英岩高陡崖壁凿孔绿化研究，研究岩性为石英岩，以高度30m以上、坡度在60°以上的石英岩边坡作为高陡边坡，崖壁凿孔方向为与水平方向呈20°的孔，每个孔内绿化植物为乔木和藤蔓类植物（黑松和扶芳藤）搭配，以上为固定试验工况，试验内容为试验阴阳面、不同孔深（1m和2m）、不同孔径（300mm和150mm）这3种不同的工况对于高陡石英岩崖壁凿孔绿化的影响。

第三章 典型海岛概况

第一节 位置与交通

本次研究典型海岛即为长岛，亦称长山列岛、庙岛群岛，位于山东半岛和辽东半岛之间，黄、渤海交汇处(图 3-1)。北与辽宁省老铁山对峙，相距 42.2km，南与蓬莱市区相望，相距 7.0km。列岛以西是沿岸辽冀津鲁 4 省(市)渤海出口必经之地，周边 14 条水道，含 3 条国际航道，日过大型客货船舶 300 多艘，具有建设深水港和避风港湾的良好条件。研究区为长岛陆域部分，地理坐标为东经 120°35′27″—120°55′43″，北纬 37°53′08″—38°24′08″。面积约 $350km^2$。

长岛由 151 个岛屿组成，占据渤海海峡 3/5 的海面。岛陆面积 $56.4km^2$，海岸线总长 146.14km，构成 99处海湾，海域面积 $8700km^2$，是山东省最大岛屿。有人居住的岛屿有 10 个(南长山岛、北长山岛、庙岛、大黑山岛、小黑山岛、砣矶岛、大钦岛、小钦岛、北隍城岛、南隍城岛)，由南五岛和北五岛组成(图 3-1)。

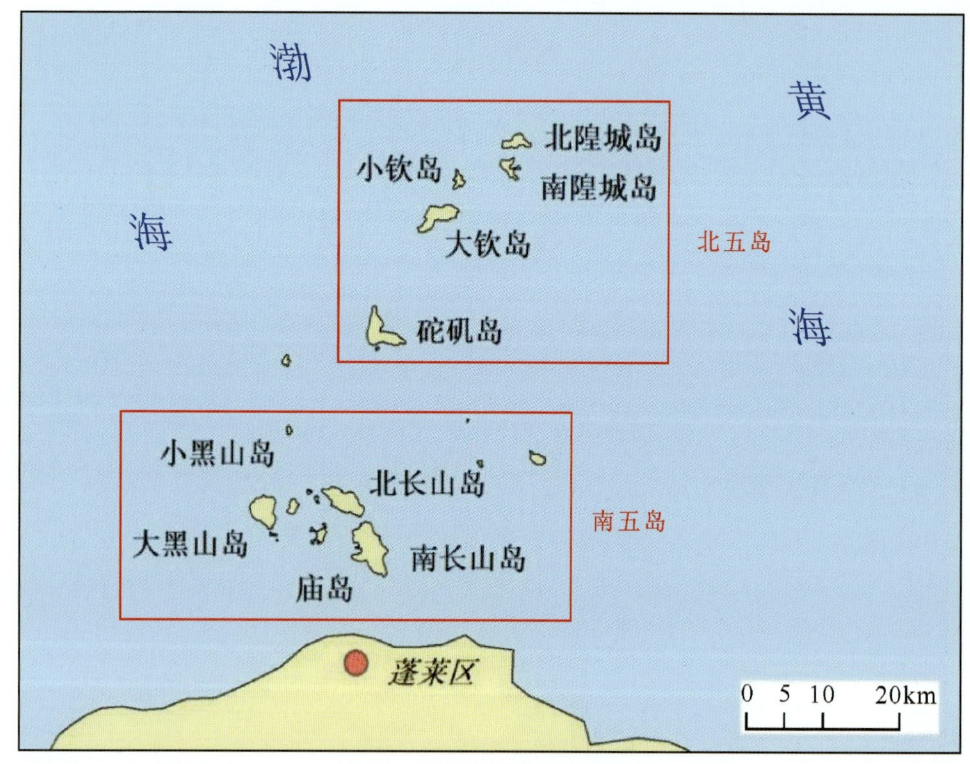

图 3-1 长岛地理位置示意图

南五岛位于县域的南部，由南长山岛、北长山岛、庙岛、大黑山岛、小黑山岛5个主要岛屿组成，另外尚有挡浪岛、螳螂岛、犁犋把岛、烧饼岛、南砣子岛、羊砣子岛、牛砣子岛等小岛。该区地质遗迹丰富，交通条件较好、岛屿较集中，是游客较集中的区域，分布面积约150km²，陆地面积约32.3km²。北五岛位于县域的北部，由北隍城岛、南隍城岛、小钦岛、大钦岛、砣矶岛等主要岛屿组成，分布面积约200km²。

第二节 气象水文

长岛属暖温带季风区大陆性气候，四季分明，气候温和。因各岛四面环海，调节和缓冲了四季气温，形成了独特的气候特点：春季降水少，风大而多，气温回升较慢；夏季雨水较多，无酷暑，气候凉爽；秋季气温下降缓慢，但风频且大。据统计资料，多年平均气温为12.5℃。1月份最冷，月平均气温－1.6℃，8月份气温最高，月平均气温24.5℃。极端最高气温36.7℃（2005年6月24日），极端最低气温－13.7℃（2016年1月23日）。年平均日照时数2 769.4h。据山东省气象站观测资料统计（2001—2020年），全区年平均降水量为602.01mm，历年最大降水量959.3mm（2009年），历年最小降水量288.9mm（2014年）。降水多集中在6—9月份，占全年的75%左右（图3-2）。总降水量中春季占15.2%，夏季占59.6%，秋季占19.8%，冬季占5.4%。春夏季节频雾，年均雾日28d左右。

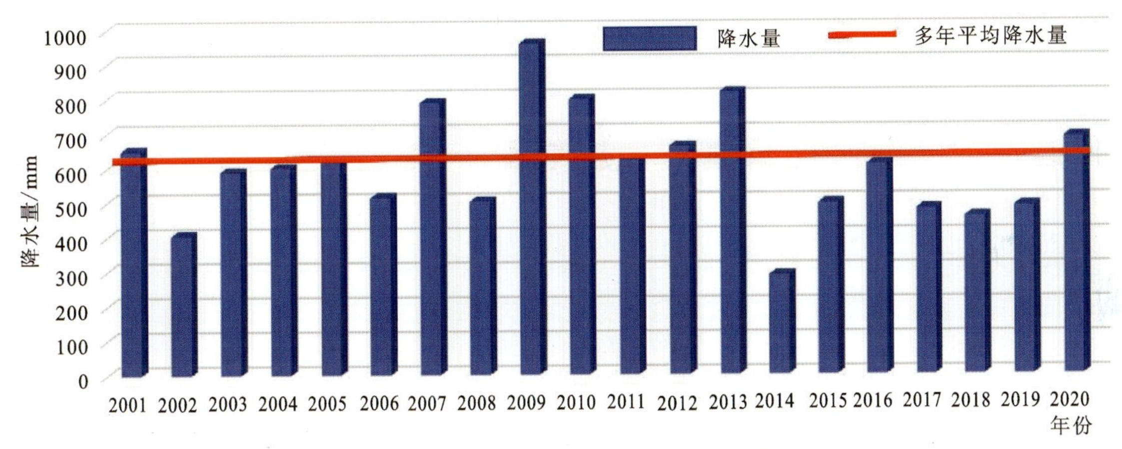

图3-2 2001—2020年降水量柱状图

长岛地处海峡风道，秋、冬两季受西伯利亚南下冷空气影响，常有偏北大风。春、夏季由蒙古国至中国东北地区气旋和由江淮方向来的气旋均强烈发展，时有西南和东北大风。夏季、秋初因受太平洋台风影响，常有较大的东北风，因此，该区风大而多。年均大风日65d（17m/s以上），最大风速超过40m/s，并有自南向北频率高、风力大的特点。冬、春两季盛行西北风和东北风。从上述气候特点来看，长岛旅游的黄金季节集中在5—11月，各项指标较适宜人们出游。夏季是长岛旅游的适宜季节。

第三节 地质概况

根据山东省大地构造分区图（图3-3），研究区位于华北板块（Ⅰ）胶辽隆起区（Ⅲ）胶北隆起（$Ⅲ_a$）胶北断垄（$Ⅲ_{a1}$）胶北凸起（$Ⅲ_{a1}^3$）。

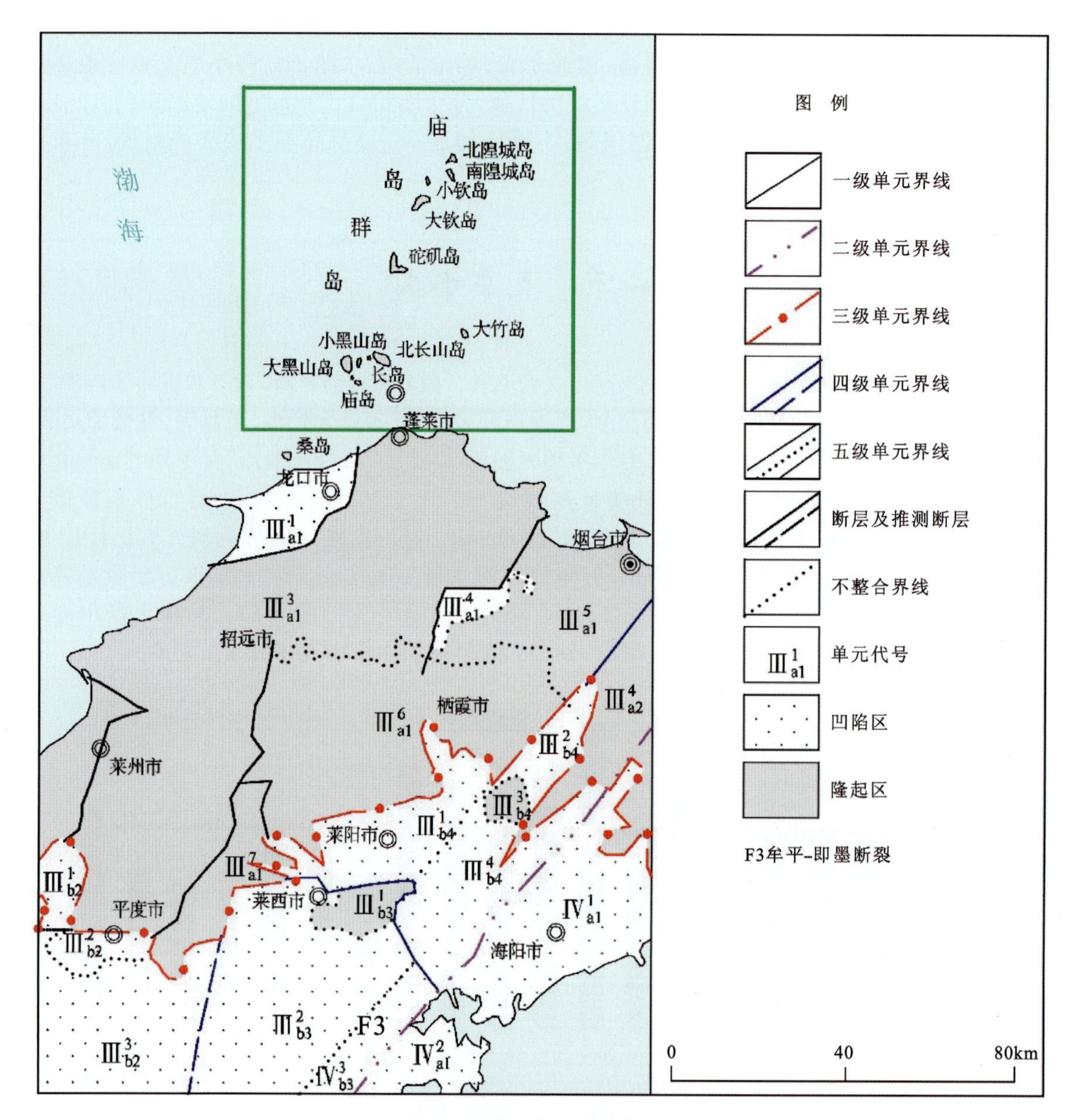

图 3-3　山东省大地构造分区图

一、地层

工作区主要地层有古元古界滹沱系粉子山群、新元古界南华系蓬莱群、新生界第四系。

1. 古元古界滹沱系粉子山群

古元古界滹沱系粉子山群为隐伏地层。

(1)张格庄组：主要岩性为中粗粒白云石大理岩、透辉白云石大理岩，夹少量透闪片岩、黑云变粒岩。

(2)巨屯组：岩性为石墨黑云片岩、石墨片岩、石墨黑云变粒岩、石墨透闪石岩、透辉石岩，夹石墨大理岩、石墨透闪白云质大理岩。

(3)岗嵛组：主要岩性为疙瘩状黑云片岩、黑云片岩，夹透闪大理岩(透闪石岩)、黑云变粒岩。

2. 新元古界南华系蓬莱群

豹山口组：工作区内主要分布在砣矶岛，下部地层以石英岩为主，上部地层以板岩、千枚岩为主。

辅子夼组：工作区内主要分布在砣矶岛之外的其他 9 个岛屿，下部地层主要岩性为石英岩、板岩、千枚岩，上部地层主要岩性为石英岩、板岩和千枚岩互层。

3. 新生界第四系

本区第四系为火山喷发岩和松散沉积物。

（1）第四系火山喷发岩：工作区内分布于大黑山岛西部，岩性为灰黑色玄武岩，下部气孔状、杏仁构造发育，上部颜色较深，致密、块状、坚硬，覆盖在变质岩之上。

（2）第四系松散沉积物：工作区内分布于各岛屿的沟谷和低凹部位，主要有坡洪积红土角砾层、离石黄土、黄土状沉积、马兰黄土、陆相黄土状沉积、海相沉积、潟湖相沉积，岩性以粉砂、黏土为主，部分含砾石。

其中，马兰黄土厚度多在 15m 以上，呈灰黄色、浅黄色或褐黄色，为细砂质粉砂或粉砂，质地均匀，无层理，疏松多孔，垂直节理极发育，易发生滑坡，形成悬崖峭壁。顶部发育了灰黑色古土壤——黑垆土，厚 0.5～1.5m。马兰黄土中含更新世哺乳动物化石，属于干旱草原环境中的生物群，包括安氏鸵鸟蛋、赤鹿角、梅花鹿角、象门齿和猛犸象腿骨等。

二、构造

受吕梁运动、燕山运动及喜马拉雅运动的影响，长岛构造发育，以断裂构造为主，有北北东向和北北西向两组，各组均有数条断裂（图 3-4）。

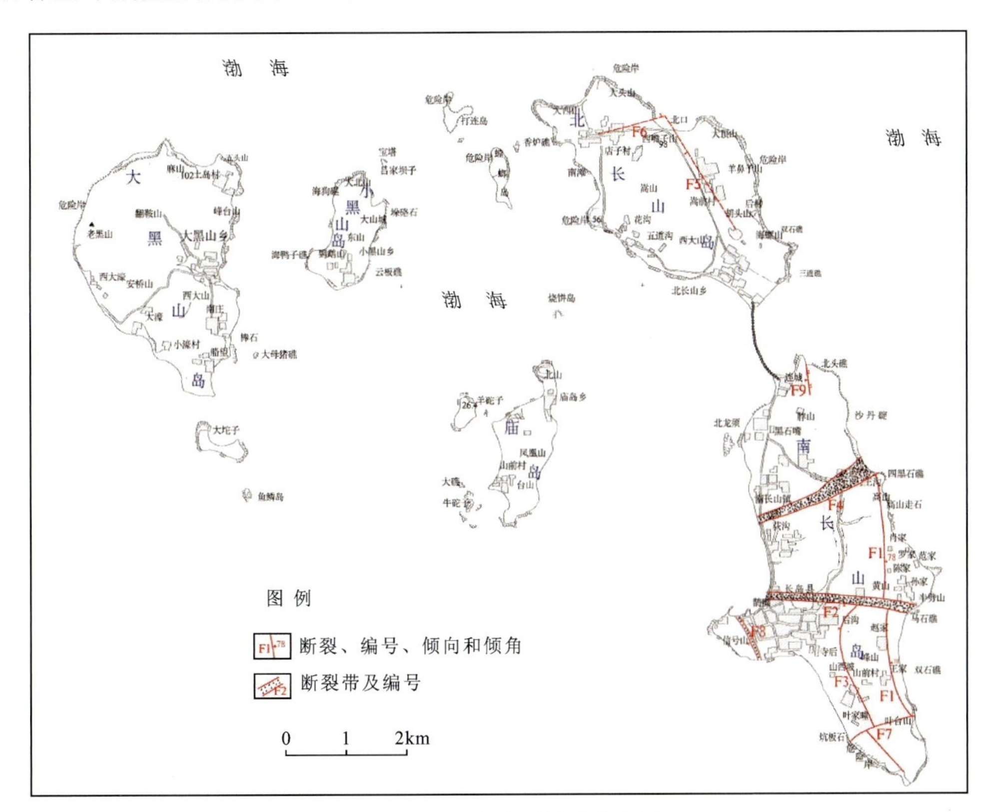

图 3-4　南五岛断裂构造分布图

三、岩浆岩

长岛岩浆岩有喷发岩和侵入岩。侵入岩为中生代侵入岩，分布于砣矶岛霸王山一带，岩性为闪长玢岩。灰白色，矿物成分可见石英、长石等，斑状结构，块状构造，致密、坚硬。火山喷发岩分布于大黑山岛西部，岩性为灰黑色玄武岩。

第四节　地形地貌

长岛各岛中南部岛屿密集，海域犹如内陆湖泊，岸坡缓冲，北部岛屿呈条带状，分布较散，坡陡崖峭，多似孤峰插海。在诸岛屿周围遍布大小明礁 180 多个，纵贯胶东半岛和辽东半岛之间。

各岛海岸曲折蜿蜒，岸线总长 146km，构成 99 处海湾，已定名海湾 28 处，岩石质岸线长 69km，砾石质岸线长 77km。岛陆上山丘起伏，海拔大多在＋200m 以下，其中海拔＋100～＋200m 的山丘 145 座，低于＋100m 的山丘 249 座。修复区内丘陵地占岛陆总面积的 90％，地形起伏较大，山峰陡峭，山体坡度一般在 10°～30°之间，滨海低洼地占总面积的 10％，地形平坦，海拔一般低于＋10m。

岛屿间有大小水道 14 条，南部岛屿间海底地势基本平坦，水深一般小于 20m，北部岛屿间水深度变化大，海底地势起伏较大，水深为 15～40m。

在地质构造、地层岩性、水文、气象等因素的综合影响和作用下，区内展现了多种地貌形态。根据其形态特征，可分为剥蚀丘陵、黄土地貌、海岸地貌 3 种类型。

剥蚀丘陵：分布于区内各岛，海拔一般小于 200m，切割深度一般小于 100m。主要由蓬莱群石英岩、板岩、千枚状板岩及中生代侵入岩和新生代玄武岩组成。经长期风化剥蚀，丘陵顶部平缓。其上残存有厚薄不一的红土风化壳。地形坡度较大，沟谷发育，多呈"V"字形，部分地区发育风化坡积作用形成的红土角砾石，厚度小于 3m。

黄土地貌：黄土分布于各大岛屿的沟谷和低平地，集中分布在海拔＋10～＋70m 的范围内，总厚度 20m 左右。它以披盖形式掩埋了各种古老地形，并在流水及重力作用下，发育成多种形态类型。

海岸地貌：受地质构造、地层产状、岩性、海流及波浪等因素控制，在各岛沿岸有规律地发育了海蚀、海积地貌。海蚀地貌的主要类型有海蚀崖、海蚀阶地、海蚀平台、海蚀柱、海蚀拱桥等。海积地貌的主要类型有砾石滩、连岛砂石洲、砾石嘴及砾石堤等。该区是地质遗迹主要分布区，同时也是崩塌等较易发区。

第五节　水文地质

各岛屿均无河谷水源，径流短，淡水资源匮乏，有两处小型水库，分别为王沟水库和磨石嘴水库，常年蓄水不足。王沟水库位于长岛南长山镇王沟村东约 100m，控制流域面积 2.71km^2，流域内总的地势为西高东低、南北高中间低，水库以上河道总长 1.7km，干流平均坡度为 0.017 72m/m。水库总库容为 64.2 万 m^3，控制流域面积 2.71km^2，工程等别为Ⅴ等，主要建筑物大坝、溢洪道级别为 5 级，设计洪水标准为 30 年一遇，校核洪水标准为 300 年一遇。王沟水库是一座集防洪、城镇供水、水产养殖等综合运用的小(2)型水库。磨石嘴水库位于长岛砣矶镇磨石嘴村北，控制流域面积 1.26km^2，干流长 2.08km，干流坡降 64‰。水库总库容为 12.01 万 m^3，设计洪水标准为 30 年一遇，校核洪水标准为 300 年一遇，控制流域面积 1.26km^2，工程等别为Ⅴ等，大坝、溢洪道建筑物级别为 5 级，是一座集防洪、供水等综合运用的小(2)型水库。

地下水可分为松散岩类孔隙水和基岩裂隙水两大类型。松散岩类孔隙水分布于山前滨海地区和海湾沉积区，一般厚度小于15m，含水层岩性为粉砂、粉细砂、细砂。基岩裂隙水分布各岛屿，含水层为各类基岩的风化、构造裂隙带。排泄方式主要为人工开采和径流排泄入海或排泄于空隙。

第六节　地　震

长岛地震动峰值加速度为0.15g，地震东反应谱特征周期为0.40s。长岛位于沂沭断裂带和威海-蓬莱断裂交会处，为郯庐地震带和燕山地震带交会处，是环渤海以及周边地区地震活动的窗口，对其500km范围内地震发生的可能性预计性较好(图3-5)。长岛地震频发，震群多，震级多为1～2级，基本无破坏性地震。南五岛为Ⅷ级烈度区，北五岛为Ⅵ级烈度区。自公元1548年至今，本区共发生六级及六级以上地震6次，有感地震百余次。近年来长岛监测到的地震震级以小震为主，最大震级为4.5级。2017年半年小规模地震发生2000多次，过去几十年的地震让这次震群几个月完成，这次震群的频次和强度达到了1976年以来的最高水平。可能与地球内部能量释放有关，主要发生于砣矶镇。

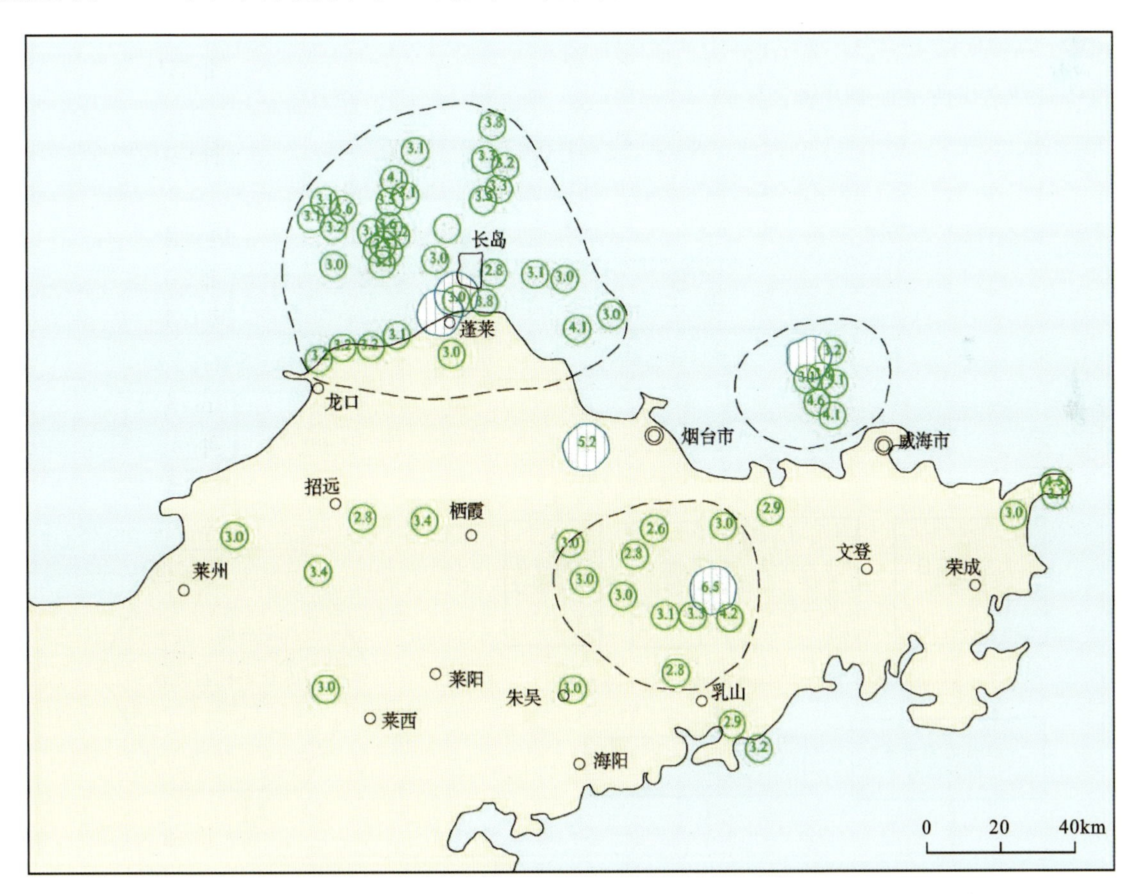

图3-5　鲁东有感地震分布图

第四章 关键技术

典型海岛高陡石英岩崖壁地境再造生态修复关键技术共研究 5 个方面的内容：

(1)开展 150mm 和 300mm 孔径孔口高陡石英岩崖壁凿孔水分、温度及当地降水量、日照等数据的连续监测。

(2)进行 Φ 300mm 钻孔的孔间横向裂隙的理论研究和试验，确定最佳孔距。

(3)施工并分析不同孔径、孔深、阴阳面崖壁凿孔内温度和湿度变化规律，研究与降水量、日照等的相关性，开展崖壁凿孔孔内水汽场研究，确定适合石英岩崖壁凿孔绿化的最佳孔径。

(4)针对 10 个有人居住的岛屿，每个岛屿统计 1～2 处有代表性石英岩的裂隙率，分析其对植物生长的影响。

按照如图 4-1 所示程序开展工作：

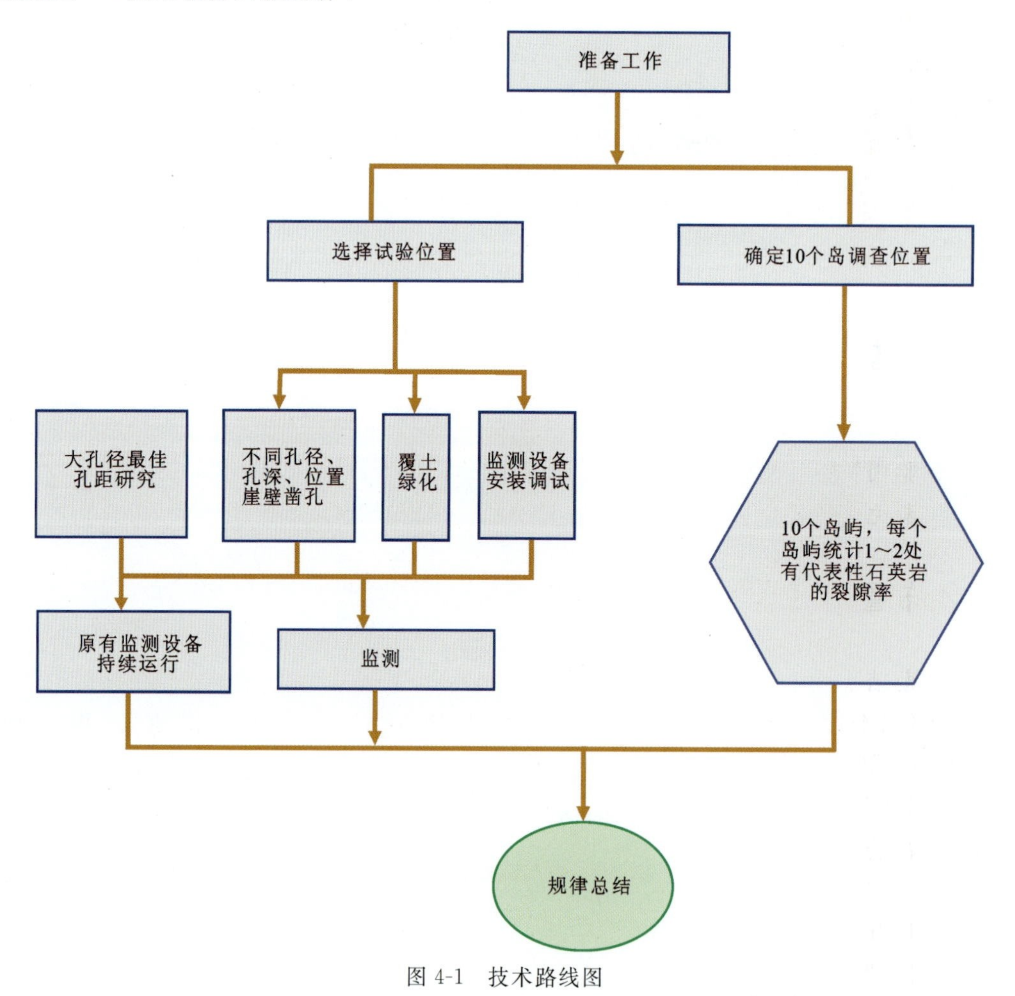

图 4-1 技术路线图

第一节　高陡石英岩崖壁大小孔径孔口监测

对孙家(300mm 孔径)和小东山(150mm 孔径)分别监测崖壁凿孔孔内温度、湿度,施工地点附近降水量、日照强度、风速、风向等基本信息(图 4-2、图 4-3),达到 2 年。两处孔崖壁凿孔与水平方向呈 20°夹角,孔深 75cm,300mm、150mm 孔径各 4 个孔进行监测,孔内温度和湿度监测仪器距离孔口 25cm。

图 4-2　长岛小东山 150mm 孔径土壤监测安装照片

图 4-3　长岛孙家 300mm 孔径土壤监测安装照片

第二节　不同类型孔径高陡石英岩崖壁监测

进行新的试验用崖壁凿孔并覆土绿化,工况为:大孔径(300mm、150mm)不同孔深(100cm、200cm)阴阳面崖壁。为避免数据的偶然性,每种孔 2 个监测孔,最终需新凿孔 16 个。

一、工程布置

根据现场踏勘结果,16 个新凿孔位于距离孙家既有钻孔崖壁凿孔绿化项目约 3km 的山体上,项目地名称为老虎洞(图 4-4),分试验区 1、试验区 2 共 2 个区域施工 16 个孔,其中试验区 1 为阳面,试验区 2 为阴面(图 4-5),试验区 1 和试验区 2 各布置 8 个钻孔,各孔编号第一个字母为试验孔首字母,第二个是试验区号,第三个 D 代表 300mm 孔径,X 代表 150mm 口径,最后一个代表顺序号,各钻孔位置编号详见表 4-1,工程部署简图详见图 4-6～图 4-9。

300mm 孔径和 150mm 孔径钻孔位置较高处均搭设脚手架,在脚手架上钻孔成穴,穴成横向间距 1.2m、竖向间距 1.2m 的间距布置,内敷设种植营养土,每个孔选择两种植物进行绿化,根据近几年孙家崖壁植物长势,岩石坡面选用长势较好的藤蔓类植物扶芳藤和在孙家试验成功的乔木黑松进行绿化,为提高成活率,所选黑松为高度 0.5m 以下的小苗。

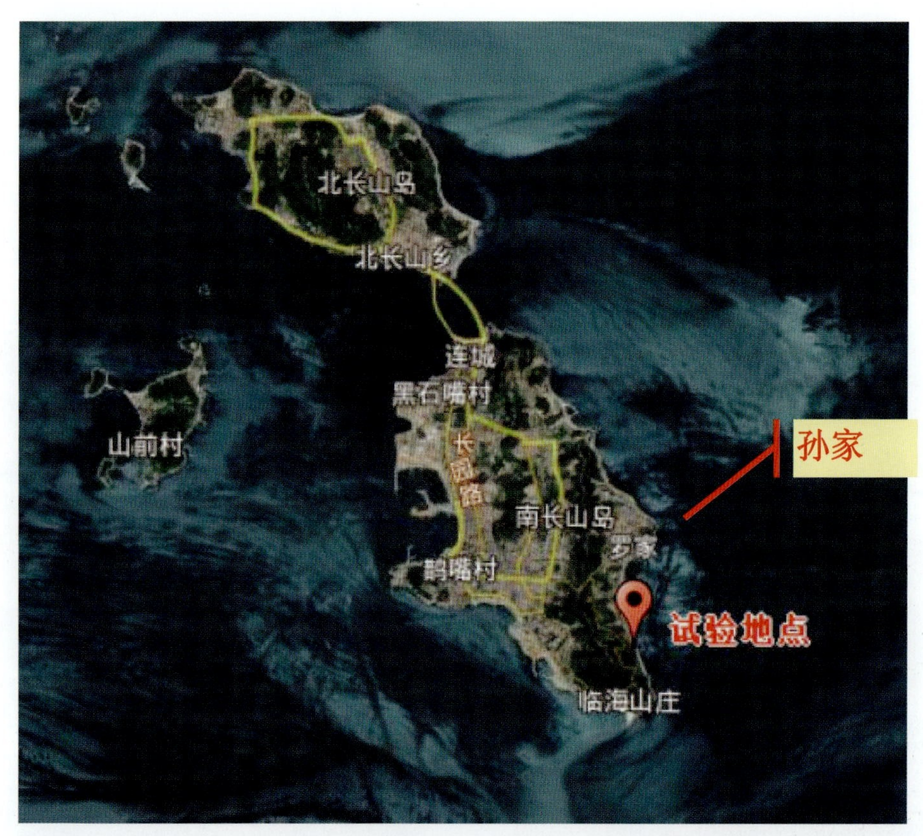

图 4-4　新凿孔试验地点与孙家位置示意图

图 4-5　新凿孔试验地点阴阳面相对位置示意图

表 4-1　崖壁凿孔编号信息表

序号	编号	孔径/mm	孔深/m	监测点位置/m	试验区
1	S1D1	300	2	2.0、1.5、1.0、0.5	试验区 1
2	S1D2	300	2	2.0、1.5、1.0、0.5	试验区 1
3	S1X1	150	2	2.0、1.5、1.0、0.5	试验区 1
4	S1X2	150	2	2.0、1.5、1.0、0.5	试验区 1
5	S1D3	300	1	1.0、0.75、0.5、0.25	试验区 1
6	S1D4	300	1	1.0、0.75、0.5、0.25	试验区 1
7	S1X3	150	1	1.0、0.75、0.5、0.25	试验区 1
8	S1X4	150	1	1.0、0.75、0.5、0.25	试验区 1
9	S2D1	300	2	2.0、1.5、1.0、0.5	试验区 2
10	S2D2	300	2	2.0、1.5、1.0、0.5	试验区 2
11	S2X1	150	2	2.0、1.5、1.0、0.5	试验区 2
12	S2X2	150	2	2.0、1.5、1.0、0.5	试验区 2
13	S2D3	300	1	1.0、0.75、0.5、0.25	试验区 2
14	S2D4	300	1	1.0、0.75、0.5、0.25	试验区 2
15	S2X3	150	1	1.0、0.75、0.5、0.25	试验区 2
16	S2X4	150	1	1.0、0.75、0.5、0.25	试验区 2

图 4-6　新凿孔试验地点阳面施工位置示意图

图 4-7　新凿孔试验地点阴面施工位置示意图

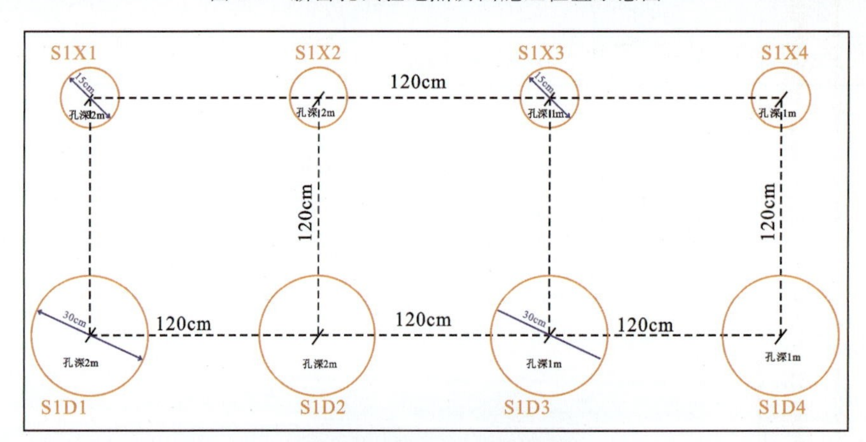

图 4-8 试验 1 区钻孔布置图

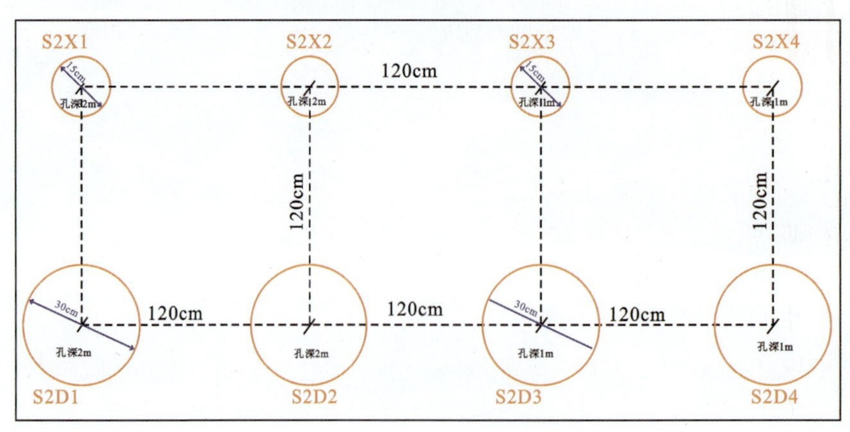

图 4-9　试验 2 区钻孔布置图

二、工程施工

施工工序主要有基础施工、脚手架施工、崖壁凿孔、监测设备安装及调试、绿化及道路、爬梯、警示牌。各工序工作情况如下。

1.基础施工

设备安装需要平整位置，由于设备安置在崖壁上面的山顶，施工位置地面不平整，山体岩性为石英岩，其上覆盖残坡积物，因此需要施工基础，根据设备尺寸，本次施工基础为50cm×50cm×50cm，施工基础前需先开挖槽，挖深50cm，挖至石英岩面即可停止。施工基础用水泥标号为P.O.42.5普通硅酸盐水泥，由于施工位置位于山顶，场地较小，用量也小，按照C20的硬度要求以人工搅拌的方式在山体下部地面配置混凝土，人工抬运至山顶。施工时用木隔板制作模板，将设备的地笼浇筑在基础中，随浇筑随整平保证平面平整无气泡。详见图4-10～图4-18。

图4-10　施工工具运输照片

2.脚手架施工

脚手架施工按照《建筑施工扣件式钢管脚手架安全技术规范》(JGJ 130—2011)执行。

钢管选用外径48mm，壁厚3.6mm的焊接钢管。其质量符合现行国家标准《碳素结构钢》(GB/T700—2016)中Q235-A级钢的规定。脚手架钢管的尺寸采用表4-2中所示尺寸，每根钢管的最大质量不大于25kg。

脚手板采用松木板，松木板规格厚6cm，长度4m，宽35cm，松木板两端利用4mm钢丝箍两道。

岩面立杆支撑点采用锚杆与岩面刚性连接。

图 4-11　基础槽开挖照片

图 4-12　地笼安装照片

图 4-13　单个基础浇筑照片

图 4-14　连体槽浇筑照片

图 4-15　基础找平照片

图 4-16　基础浇筑过程照片 1

图 4-17　基础浇筑过程照片 2

图 4-18　基础施工后等待凝固照片

表 4-2 脚手架钢管尺寸表

截面尺寸/mm		最大长度/mm	
外径 Φ	壁厚 d	横向水平杆	其他杆
48	3.6	2200	6500

脚手架与岩面拉结采取刚性拉结，立杆与山体边坡的连接采用在山体边坡上施工锚杆，锚杆同脚手架立杆固定形成一个整体。岩面立杆支撑点钻孔直径 40mm，预埋 Φ25 钢筋，钢筋长度 1.4m，钻孔深度为 1.0m，锚孔灌注 M20 水泥砂浆，水泥砂浆中掺入早强剂，有利于砂浆的快速凝结；钻孔顶部预留直径 60mm，深度 50mm 的臼窝，外露 0.4 m 预留钢筋，将锚杆外露段插入钢管内，在钢管外侧臼窝内浇筑 M20 水泥砂浆固结。

由于钻孔之间间距为 1.2m，区别于普通的脚手架，本次岩面立杆支撑点设置为竖向间距 2m，水平间距 1.5m。详见图 4-19～图 4-23。

图 4-19 脚手架开始搭建照片

3. 崖壁凿孔

本次崖壁凿孔采用 KQD100A 型电动潜孔钻机施工(图 4-24)，一台空压机供给潜孔钻机压缩空气，空压机规格 16m^3/min。因治理区崖面岩体为石英岩，节理裂隙非常发育，直接在高陡边坡上成孔径 300mm 的种植孔难度非常大，设备笨重，工期长，且难以在脚手架上施工。本次采用本单位申请专利的钻孔方法，3 个钻孔聚拢组合成 1 个钻孔，选用 Φ130mm 的潜孔钻头，因冲击钻钻进时通常钻孔孔径比钻头直径大，因此孔间距设置为两两相距 2cm，使中间隔离的岩石容易被震落。每台钻机底座由钢管焊接而成，使钻进方向与水平面成 20°夹角，与设计角度一致。钻机由 3 名工人操作，2 名工人负责移动、固定钻机，更换钻具等工作，另 1 名工人负责操作钻机的控制电机。详见图 4-24～图 4-29。

图 4-20　脚手架搭建过程照片

图 4-21　脚手架搭建细节照片

图 4-22 阴面脚手架搭建完工照片

图 4-23 阳面脚手架搭建完工照片

图 4-24　崖壁凿孔施工细节照片

图 4-25　崖壁凿孔钻孔过程照片

图 4-26　崖壁凿孔定点照片

图 4-27　崖壁凿孔施工远景照片

图 4-28　崖壁凿孔固定钻机照片

图 4-29　崖壁凿孔施工后远景照片

4. 监测设备安装及调试

对设备进行组装和调试，详见图 4-30～图 4-47。安装设备清单详见表 4-3。

图 4-30 设备安装前检查照片

图 4-31 设备安装细节照片

图 4-32　设备电池埋设前照片

图 4-33　设备安装细节照片

图 4-34　设备内部照片

图 4-35　设备安装照片

图 4-36　设备调整照片 1

图 4-37　设备调整照片 2

图 4-38　设备安装过程远景照片

图 4-39　设备检查调试照片

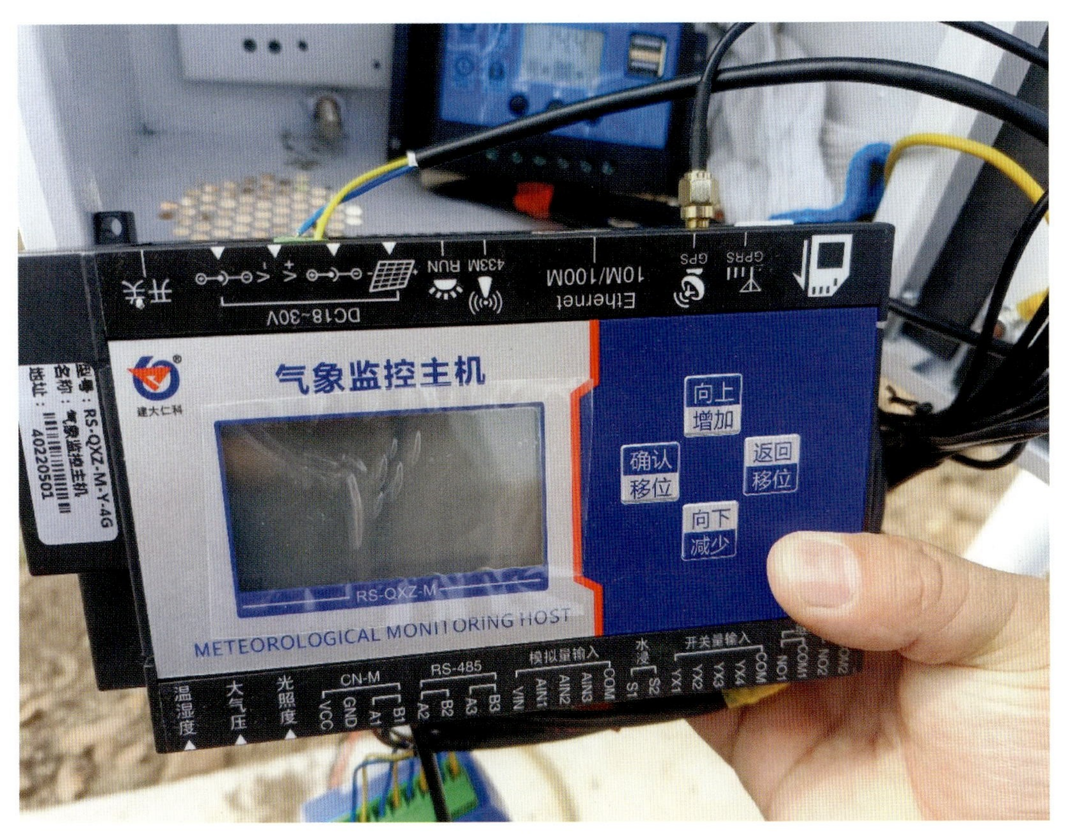

图 4-40　设备主机照片

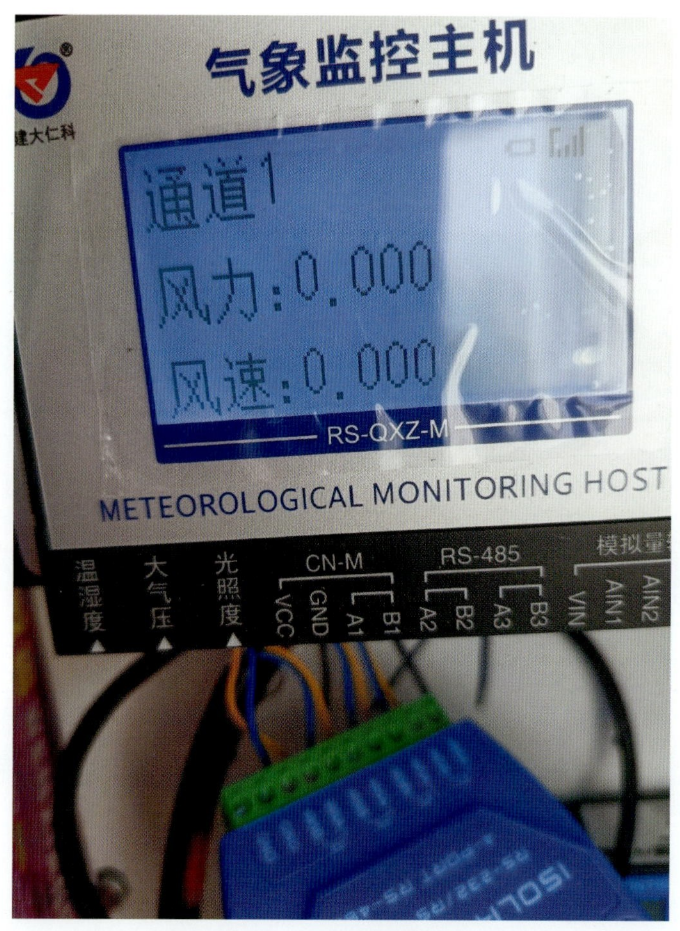

图 4-41　设备调试后照片

图 4-42　监测设备入孔照片

图 4-43　设备入孔前梳理照片

图 4-44　设备入孔照片

图 4-45　设备入孔远景照片

图 4-46　阴面设备安装完成后照片

图 4-47　阳面设备安装后照片

表 4-3　安装设备清单

产品名称	数量/个	备注
气象监测百叶盒	2	
光照度变送器	2	
风速变送器	2	
风向变送器	2	
雨量传感器	2	
土壤传感器	64	土壤温湿度电导率
太阳总辐射变送器	2	光电式
微气象站	16	主机
	16	3m 立杆
	16	太阳能供电系统
	16	485 集线器
	16	流量卡

5. 绿化及道路

本次绿化由于在孙家 300mm 孔径内试验栽植过几棵黑松，均成活且长势良好，绿化植物采用乔木和藤蔓类植物搭配的方式，每个孔中栽种黑松和常春藤。黑松选择 0.5m 以下的，便于成活，由于施工位于山体上，山坡为斜坡，腐殖质较多，易滑通行困难，崖壁凿孔 16 个，孔较少，考虑到山坡腐殖质土满足种植土要求，将斜坡改造为台阶，铲除的土用来作为 16 个孔的种植土，可以达到物料平衡，避免修建施工便道台阶产生的土的外运，也节省了购买种植土的费用，可谓一举两得。

16 个孔中使用山东省第一地质矿产勘查院已获实用新型专利“一种灌溉水承接导流槽”，也称之为“燕尾导流槽”，该承接槽由管径为 Φ100 的 PE 管简单裁剪而成，将 PE 管每 50cm 长截断，然后沿管口方向劈成两半，每部分一端 30cm 部分加工成燕尾状，另一端 20cm 处保持完整，即加工完成。在每个种植孔口安装灌溉水承接槽，将承接槽燕尾一端沿种植孔孔底插入孔内，孔口外保留 20cm。因为插入孔内段中间为燕尾状，植物根系在土壤中最终可以和岩体直接接触，不影响植物根部发育。由于种植孔所在的崖面陡直，自然降水很难补给孔内，孔口外留 20cm 槽端可将养护时的灌溉水及天然降水等导入种植孔内，可大大提高苗木的自然生存能力。

种植后进行为期 1 个月的养护，之后靠天然降水存活，养护期内，前 3 天每天浇水 1 次，保证浇透，之后两周为每周浇水 2 次，半个月后每周浇水 1 次。

施工过程照片详见图 4-48～图 4-56。

6. 爬梯

为了便于孔内绿植种植初期定期浇灌，也便于后期检查设备，在阴面和阳面试验孔周边均安装爬梯，采用 4cm×4cm 方刚焊接而成，间隔一定距离用锚杆固定在山体中，锚杆一端进山体 1m，另一端焊接在爬梯上。爬梯台阶间距 30cm，便于爬行。由于方刚颜色为银色，与山体颜色相差较大，为了提高视觉效果，按一定比例配出和山体颜色相近的油漆涂在方刚上，美化环境的同时也有一定的防锈作用。详见图 4-57～图 4-65。

图 4-48　购置黑松及制作燕尾导流槽照片

图 4-49　扶芳藤照片

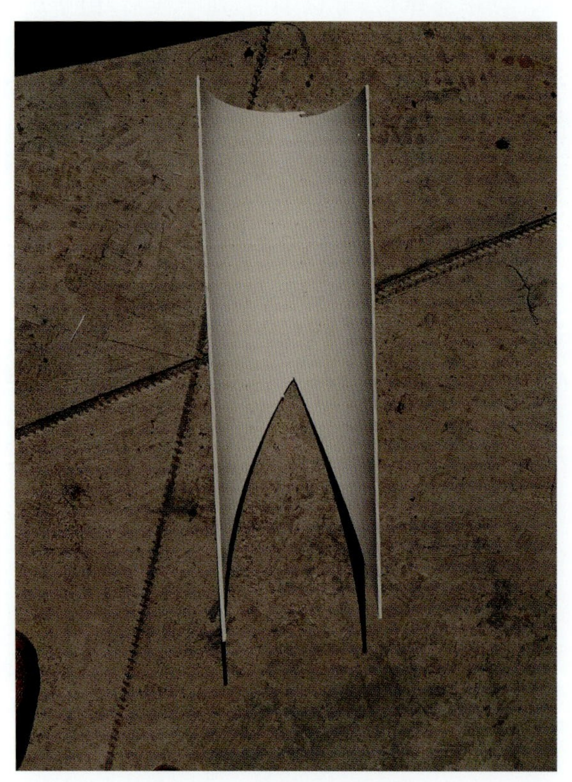

图 4-50　燕尾导流槽照片

图 4-51　孔内黑松照片

图 4-52　孔内植物侧面照片

图 4-53　孔内植物细节照片

图 4-54　孔内植物照片

图 4-55　施工便道照片

图 4-56　施工便道细节照片

图 4-57　爬梯制作照片

图 4-58　爬梯制作完成照片

图 4-59　爬梯安装过程照片

图 4-60　爬梯安装完成照片

图 4-61　爬梯安装完成远景照片

图 4-62　爬梯涂漆过程照片

图 4-63　爬梯涂漆完成照片

图 4-64　爬梯涂漆远景照片

图 4-65　爬梯完工完整照片

7. 警示牌

试验区位于长岛南长山街道老虎洞，由于试验区在景区，为防止游客及当地人因为好奇攀爬引起危险，在爬梯下设置警示牌。考虑到平常白天游客及路人较多，甚至晚上可能有人会到试验区周边，研究人员创新性地发明了一种新的夜间可视警示牌。警示牌壳体左上角设有二维码，用手机扫码即可出现项目介绍等提前设置好的内容。主要版面是由警示标语构成的通孔，在警示牌壳体右上角设有由太阳能板、太阳能电池、光源共同构成的一个小型太阳能发电装置，使得警示牌的文字晚上也能清晰看到。警示牌总高 1.5m，地下 0.3m，地上杆 0.7m，牌子尺寸为 50cm × 90cm（图 4-66）。警示牌提示文字为“监测区勿攀爬”，具体施工过程及效果详见图 4-67～图 4-72。

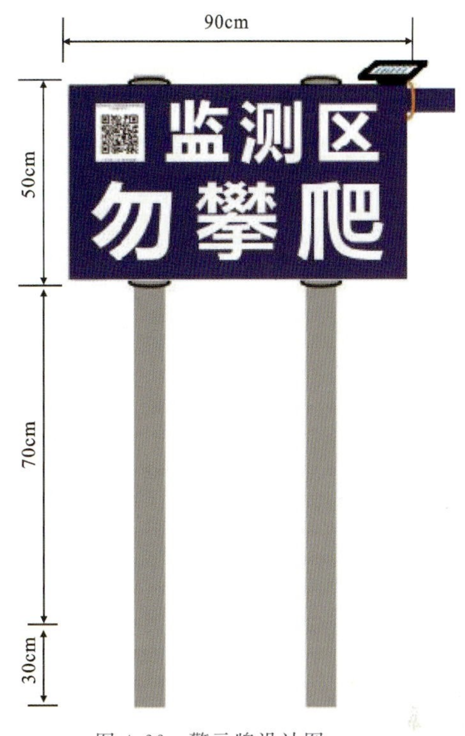

图 4-66　警示牌设计图

8. 施工前后崖壁对比

按设计施工后崖壁前后对比详见图 4-73～图 4-76。

图 4-67　警示牌施工前位置选择照片

图 4-68　警示牌施工过程照片

图 4-69　阴面警示牌施工完成照片

图 4-70　阳面警示牌施工完成照片

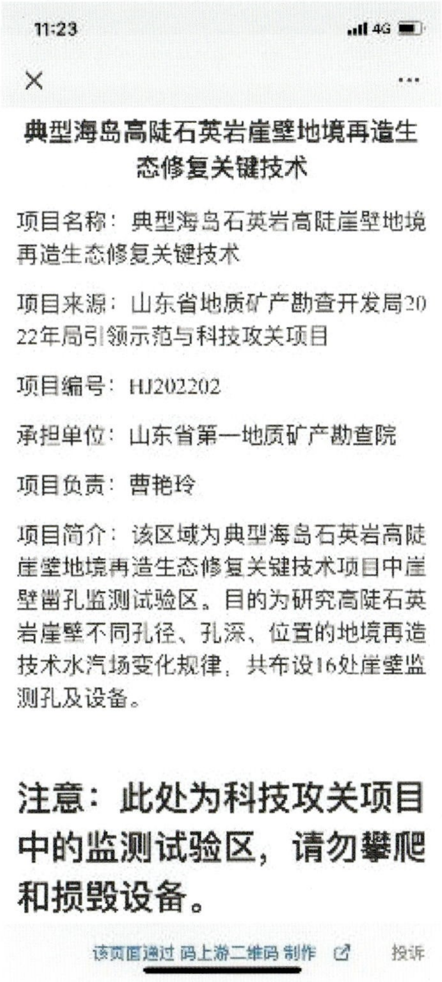

11:23

典型海岛高陡石英岩崖壁地境再造生态修复关键技术

项目名称：典型海岛石英岩高陡崖壁地境再造生态修复关键技术

项目来源：山东省地质矿产勘查开发局2022年局引领示范与科技攻关项目

项目编号：HJ202202

承担单位：山东省第一地质矿产勘查院

项目负责：曹艳玲

项目简介：该区域为典型海岛石英岩高陡崖壁地境再造生态修复关键技术项目中崖壁凿孔监测试验区。目的为研究高陡石英岩崖壁不同孔径、孔深、位置的地境再造技术水汽场变化规律，共布设16处崖壁监测孔及设备。

注意：此处为科技攻关项目中的监测试验区，请勿攀爬和损毁设备。

该页面通过 码上游二维码 制作　投诉

图 4-71　手机扫描后界面照片

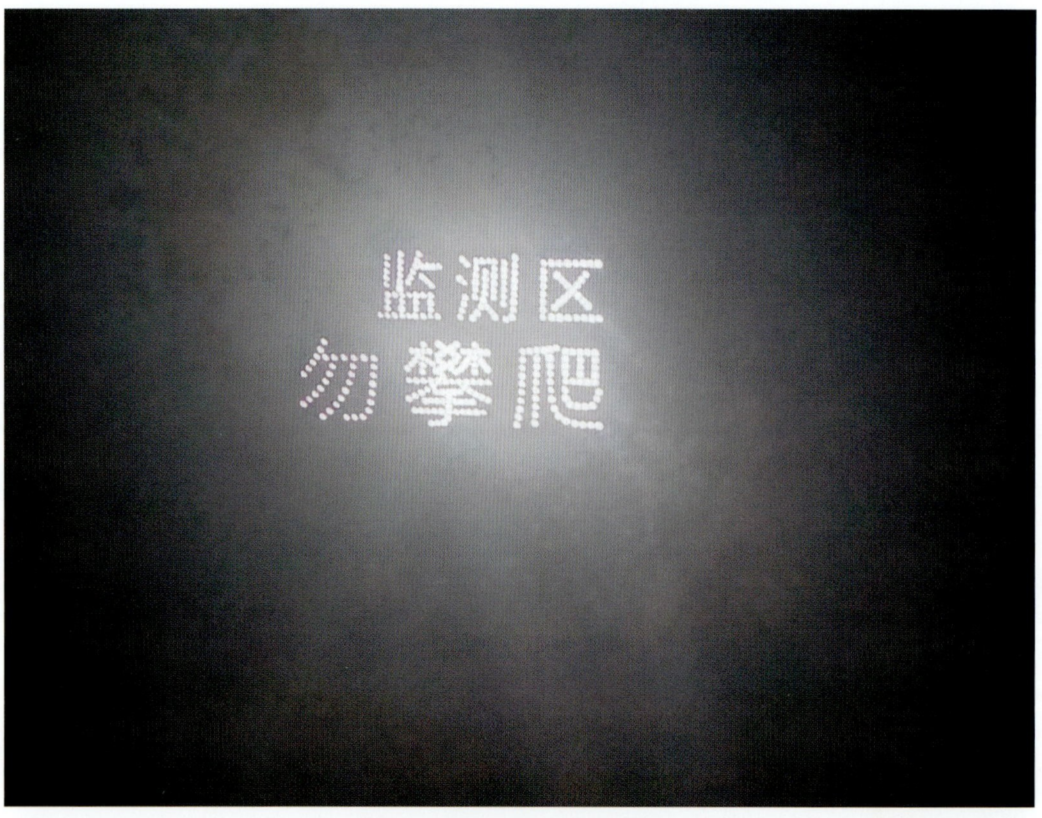

图 4-72　警示牌夜间效果照片

图 4-73　新凿孔试验地点阳面施工前照片

图 4-74　新凿孔试验地点阳面施工后照片

图 4-75　新凿孔试验地点阴面施工前照片

图 4-76　新凿孔试验地点阴面施工后照片

三、监测

为了数据的对比性更好，选择与已有监测设备同一厂家的监测设备。

原监测为每个孔设备插入土中约 25cm，本次为寻找石英岩崖壁凿孔水汽场规律，在崖壁凿孔覆土过程中依次在 1m 孔的 1.0m、0.75m、0.5m、0.25m 处埋设监测设备，在 2m 孔的 2.0m、1.5m、1.0m、0.5m处埋设监测设备(图 4-77)。

为区分每个孔内的监测设备对应的数据，每个孔最深监测设备线缠上黄色胶带，设备通道编号 3；次深孔设备线缠上红色胶带，设备通道编号 5；再浅孔设备线上缠上绿色胶带，设备通道编号 7；距离孔口最近的监测设备设备线上不缠胶带，设备通道编号 9。具体分布如表 4-4 所示。为保证设备入孔位置按照设计距离放入，将设备按深度位置等距绑在细铁棍中，然后将铁棍放入监测孔中，如图 4-78所示。

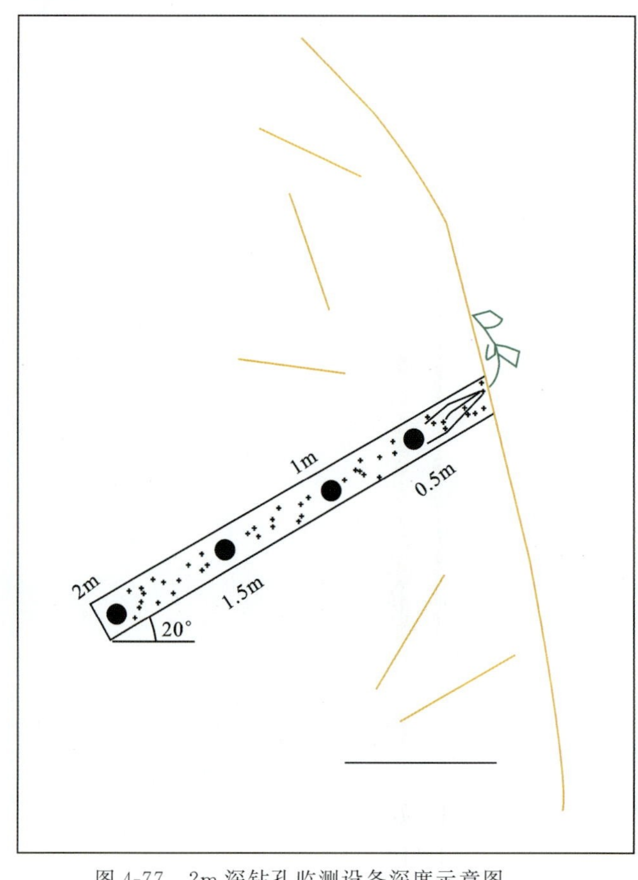

图 4-77　2m 深钻孔监测设备深度示意图

表 4-4　孔内设备区分备注表

孔深/m	设备位置/m	胶带颜色	对应设备通道编号
1	1	黄色	3
	0.75	红色	5
	0.5	绿色	7
	0.25	无	9
2	2	黄色	3
	1.5	红色	5
	1	绿色	7
	0.5	无	9

图 4-78　设备等距绑定照片

设备安装调试好后，将数据传导到云平台，登录云平台可以实时监测数据变化并及时导出监测数据。详见图 4-79～图 4-81。

图 4-79　云平台运行情况

图 4-80　监测数据查询界面

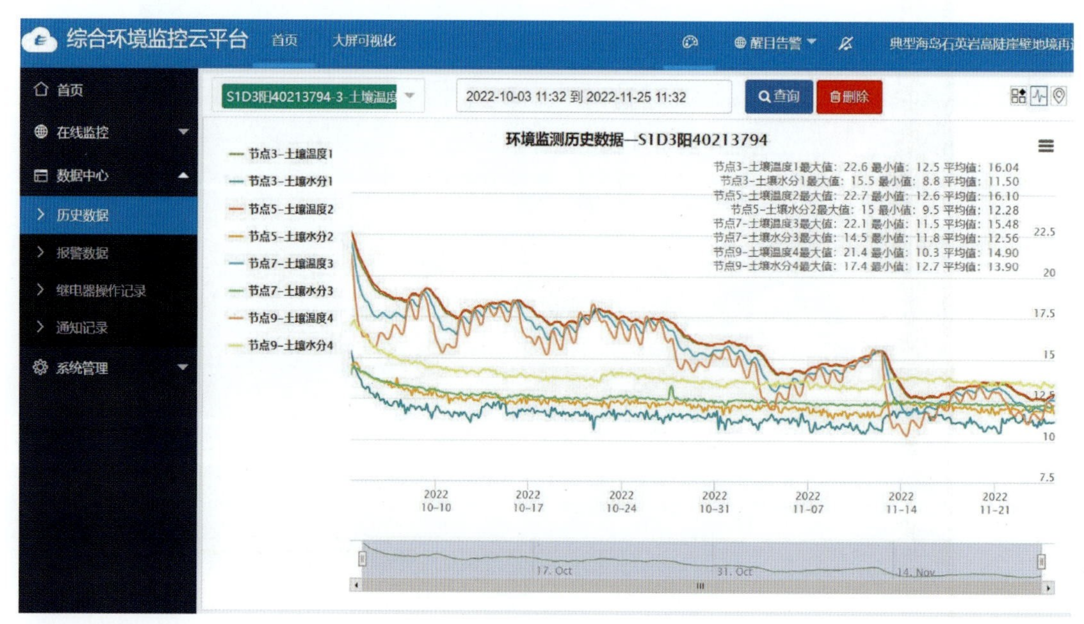

图 4-81　监测数据形成曲线界面

四、植物长势追踪

定期对植物长势进行追踪，植物成活后，每个月观测一次植物长势，以便与监测数据进行对比。绿化 2022 年 9 月 22 日完成，2023 年 2 月 21 日进行首次长势观测，发现植物存活良好，由于刚过第一个冬天，黑松还比较小(图 4-82)。至 2023 年 5 月 22 日，存活黑松较 2 月份明显长大(图 4-83、图 4-84)，扶芳藤长势也良好(图 4-85)。

图 4-82 黑松刚种植(左)和种植 5 个月(右)长势对比照片

图 4-83 黑松种植 8 个月后长势照片(2023 年 5 月 22 日)

图 4-84　黑松种植 8 个月后细节照片(2023 年 5 月 22 日)

图 4-85　种植 8 个月后扶芳藤长势细节照片(2023 年 5 月 22 日)

第三节　大孔径最佳孔距研究

由于孔距过大，绿化效果不明显，因此，为达到好的绿化效果，需要尽量减少崖壁凿孔之间的距离，但针对不同的岩性，最小的合适孔距目前没有系统的研究。由于崖壁凿孔钻探会导致横向裂隙产生（图 4-86），如果孔距过近，在灌溉、降水（降雨、降雪）等长期作用下会加大横向裂隙，导致钻孔横向连通，最终塌孔。因此，满足不塌孔的最小孔距就是崖壁凿孔的最佳孔距。而孔径不同、岩性不同，其最佳孔距也是不同的。

一、原理研究

岩石内部大量开裂后，岩体的力学性质与岩体材料本身关系不大，而是受裂纹的形态和长度控制。研究区石英岩为脆性岩石，脆性岩石断裂体一般产生径向、中间和侧向裂纹，此外，在压头下方一般还要形成一个近似于半球形的密实核，由剪切变形形成。该裂纹扩展模式与 Kou 提出的典型裂纹系统一致，而 Lindqvist（1994）等研究了压头侵入辉长岩、花岗岩、大理岩和砂岩的过程，观测并记录了该裂纹系统，Howarth 和 Bridge（1988）在实验室里观测到了与图 4-86 类似的破碎模式。

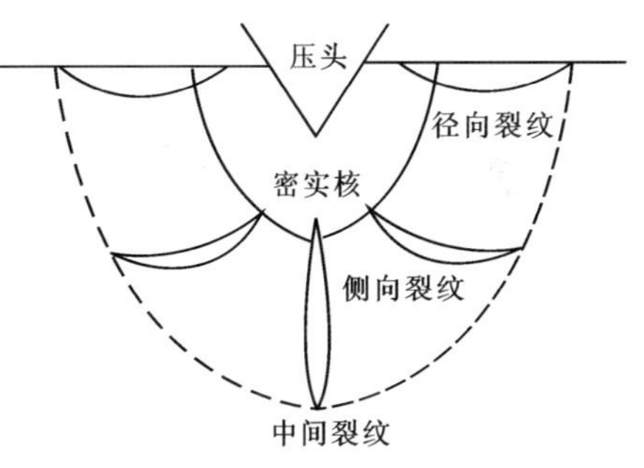

图 4-86　压头下裂纹扩展示意图

侧向裂纹一般在卸载过程中产生并扩展；中间裂纹产生于加载过程，并在卸载过程有部分弹性恢复；径向裂纹既可产生于加载过程，又可出现在卸载期间，但不论何时产生都在卸载过程继续发展。

钻孔在岩体钻进过程中，我们可以认为是一个集中应力作用于弹性半空间应力场，其存在如下特征：主应力轨迹为一组同心圆和以 0 为中心的放射线（图 4-87）；最大剪应力轨迹为一组与主应力轨迹成 45°的两组曲线，最大剪应力轨迹为对数螺线（图 4-88）。

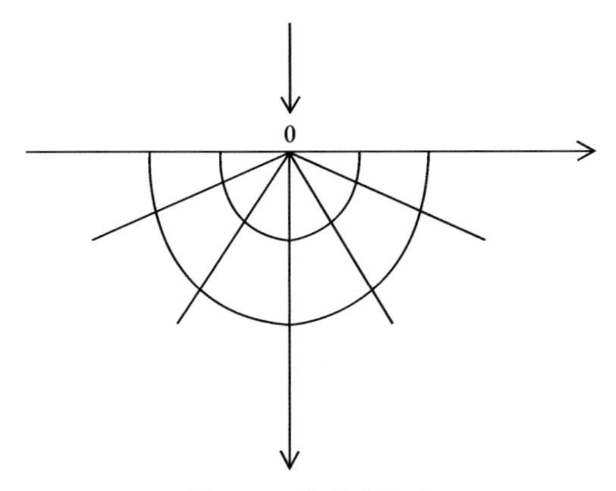

图 4-87　主应力轨迹

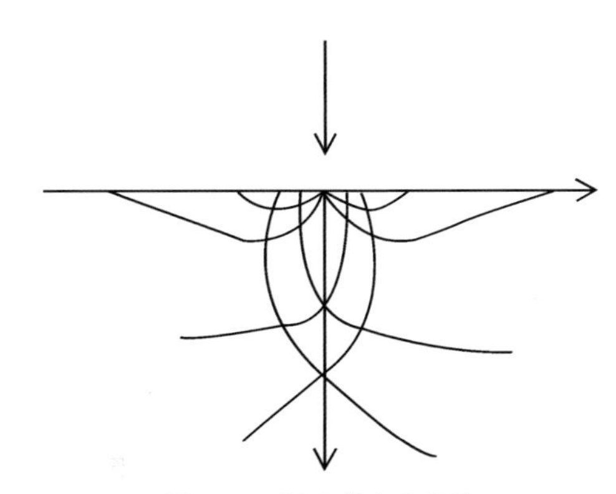
图 4-88　最大剪应力轨迹

实践证明，岩石的抗剪强度和抗拉强度远低于抗压强度，在受压的情况下，岩体的破坏模式一般为剪切破坏。因此，由于这 3 类裂纹，尤其是径向裂纹的存在，一定孔径下钻孔之间的距离必然存在一个最小值，保证两个相邻钻孔之间的径向裂纹不连通并有一定的安全距离才可行。否则钻孔之间连通必然引发钻孔之间的坍塌。谭青等(2010)用高速摄像仪捕捉到的刃侧岩石连续崩裂直至发生整体破坏的过程，单排刃齿内相邻球齿间的侧向裂纹几乎发生贯通，部分侧向裂纹扩展至自由面。

岩石破碎学中，研究了晶胞尺寸下的格里菲斯裂纹发展情况和岩石块在拉应力下的断裂曲率半径。

对于钻孔中的径向裂纹，同理可以进行推导。钻机钻进过程中对岩石的接触面产生垂直于径向裂纹的剪切力，对裂纹开启端来说即为拉应力，如图 4-89 所示，对于一岩石试件，断面为 A，受载荷后，应力应变曲线如图 4-89(b)所示。当应力较高时，应变增加变缓，近似地可以用正弦曲线的 1/4 来描述，当应力达到最高点 $R_{拉}$时，试件便断裂了。

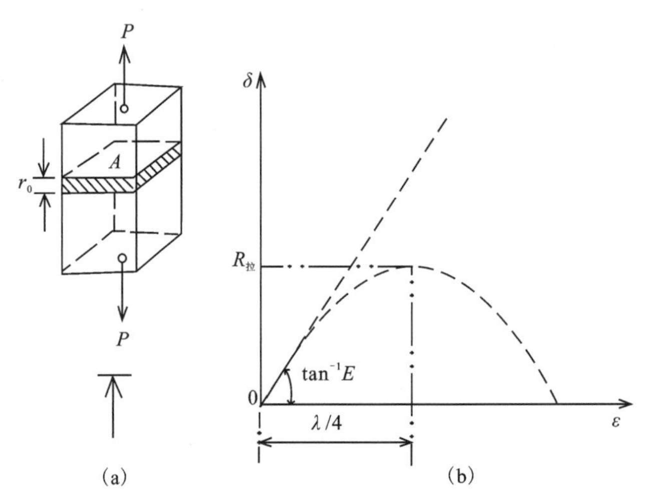

图 4-89　岩石构造及应力应变关系

断裂时的因变量是 λ/4。应力应变曲线可写成：

$$\sigma = R_{拉}\ \sin\left(\frac{2\pi\varepsilon}{\lambda}\right) \tag{4-1}$$

断裂之前的弹性贮能密度是：

$$u = \int_0^{\frac{\lambda}{4}} R_{拉}\ \sin\left(\frac{2\pi\varepsilon}{\lambda}\right)\mathrm{d}\varepsilon = \frac{R_{拉}\ \lambda}{2\pi} \tag{4-2}$$

断裂时，断裂的结构单元所含有的弹能转化成表面能，于是有：

$$r_0 A u = 2\gamma A \tag{4-3}$$

将式(4-2)代入(4-3)并化简得：

$$\gamma = \frac{R_{拉}\ \lambda r_0}{4\pi} \tag{4-4}$$

但岩石的弹性模量是小变形时应力应变之比，即：

$$E = \frac{\mathrm{d}\sigma}{\mathrm{d}\varepsilon}\Big|_{\varepsilon=0} = R_{拉}\frac{2\pi}{\lambda}\cos\frac{2\pi\varepsilon}{\lambda}\Big|_{\varepsilon=0} = R_{拉}\frac{2\pi}{\lambda} \tag{4-5}$$

将式(4-5)代入式(4-4)消去 λ，整理后得：

$$R_{拉} = \sqrt{\frac{2E\gamma}{r_0}} \tag{4-6}$$

将 r_0 作为岩石的构造单元尺寸，可以得到裂纹尖端的曲率半径为：

$$\rho = \frac{4}{\pi} r_0 \tag{4-7}$$

式中：ρ ——裂纹尖端的曲率半径(m)；

r_0——岩石构造单元尺寸(m)。

对于钻孔，我们认为该公式依然成立，假设 r_0 为钻孔直径，ρ 为钻孔边缘径向细微裂纹长度；对于300mm 口径钻孔，得到钻孔径向裂纹长度为 382mm，以 400mm 计，则两个钻孔之间为防止径向裂纹连通的最小距离为 800mm，钻孔口径 300mm 之间钻孔中心距离不能小于 1100mm。因此，施工以口径300mm 钻孔之间距离为 1200mm，即孔中心距 1.2m 进行设计，此时，孔边缘最小距离为 90cm，钻孔之间的径向裂纹不会连通。

二、试验施工

在孙家高陡崖壁施工 300mm 孔径分别以孔外缘 30cm、60cm、90cm 凿孔绿化进行试验，重塑植物在崖壁上的根系环境，覆土绿化后，随着灌溉及降水，观察孔外缘 30cm、60cm、90cm 的岩孔是否坍塌及坍塌程度。

第四节 代表性石英岩裂隙率调查

一、工作原理

在 10 个有人居住的岛屿上，根据野外调查情况选择 1 处有代表性的破损山体，在山脚处进行调查。由于裂隙率调查是为了研究崖壁生态修复能够给植物提供的水汽场，也就是为破损山体治理提供基础数据，由于长岛远离陆地，交通靠船舶，非常不方便，早期岛上房屋建筑用的砾石都是人工开挖坡脚得来，造成岛屿上多处高陡崖壁和破损山体，因此选择有代表性的破损山体都是选择因人工开挖导致的破损山体进行调查，其结果更具有实用性。

裂隙率作为表征岩体裂隙特征的一项重要的参数，有线裂隙率、面裂隙率和体裂隙率 3 种表征方法。体裂隙率是指岩石中裂隙的体积与包括裂隙在内的岩石体积之比，可以定量表征岩体内部裂隙的发育程度。因此，本次测量体裂隙率。常规测量体裂隙率的方法步骤繁琐，所需的技术要求和成本费用高，不便于工程实践应用，张杨等(2019)提出了一种简单测量体裂隙率的方法——球体测量法，由于风化、卸荷裂隙主要发育于岩体表层，较为破碎，不具有统计规律，球体法测量的主要是岩体内部三维空间中具有一定方向性和组系性的构造、成岩裂隙，通过测量统计岩体出露面上裂隙的发育特征，推断其在岩体内部的发育状况，其值能更好地反映局部区域岩体内部裂隙的发育程度，可为边坡覆绿工程提供技术指导，因此本次工作也采用这种测量方法。

首先根据前期收集的资料，大致了解区域内可能存在的构造裂隙及其分布特征，然后进行野外踏勘，选定裂隙测量点，在兼顾安全、便捷的同时能够测量足够详尽的结构面进行测量，测量裂隙的间距、隙宽等参数，选取合适的测量半径。为在一定尺寸测量空间中测量统计岩体裂隙率，需要保证测量范围内包含一定数量可测裂隙，野外裂隙间距大多在 10～100cm 之间，根据以往工程实测经验，测量半径选取原则如下：裂隙平均间距在 10cm 以内的，测量半径为 0.5m；裂隙平均间距在 10～30cm 的，测量半径为 1m；裂隙平均间距在 30～100cm 的，测量半径为 2m；裂隙平均间距大于 100cm 的或受野外测量条件所限制，根据具体情况选定测量半径。

野外测量时根据远观近察的方式对裂隙进行分组。为便于野外操作，参考构造地质学中对裂隙的分组标准，结合测量结果将倾向相差不超过 30°且倾角相差 10°以内的节理面视为同一组。分析裂隙的倾角、倾向等测量结果，将产状相近的裂隙归为同一组，各小组就观测测量结果对比讨论，求同存异，对有分歧的裂隙组进行验证，最终统一确定裂隙分组情况，确保分组结果涵盖测量点附近所有构造裂隙。

隙距是指裂隙面沿其发现方向到基准面的距离，尤其当裂隙与岩体出露面斜交时，真实隙距并不是出露面上裂隙缝之间的距离，因此，实际工作中用钢卷尺测量斜面距离，称为隙长，根据岩体与裂隙面夹角 α 换算出真实隙距 h_i（图 4-90）。

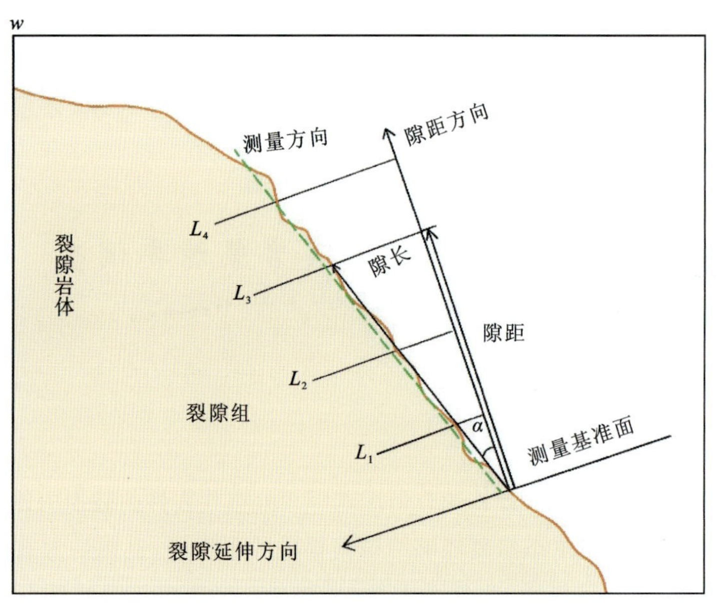

图 4-90　野外裂隙隙长测量示意图

隙宽是描述裂隙开启性的指标，通过塞尺进行测量，测量下限为 0.1mm。由于裂隙在岩体中发育的非均一性、隙宽都不同，为减少裂隙发育导致的随机性误差，同时考虑野外可操作性，以测量二次取平均值的方法来估算其真实值并填入调查表。在确定测量范围时，根据裂隙分组结果及对应产状，结合出露面情况，尽可能使各组裂隙测量中心接近，即各个测量中心距主要测量中心 5m 范围内为宜。

根据以上方法测得各测量点裂隙的几何参数，具体计算步骤如下：

（1）某一测量点区域内存在有 m 组裂隙，根据裂隙发育间距选取合适测量半径 R，第 1 组第 i 条（$i=1,2,3,\cdots,n$）裂隙的隙宽为 n_i，隙距为 h_i，可利用单元球体中几何关系计算裂隙面与测量球体切取圆的半径 R_i［图 4-91 (a)］：

$$h_i = L_i \times \cos\alpha \tag{4-8}$$

$$R_i = \sqrt{R^2 - h_i^2} \tag{4-9}$$

由于球体弧度变化，裂隙面与单元球体交切形状为圆台状，发育裂隙隙宽多在1～20mm之间，为便于计算，我们将相交圆台近似视为圆柱体，此时圆柱体的高 n_i 即为裂隙隙宽[图4-91(b)]，因此第1组第 i 条裂隙与测量球体相切的体积可近似计算为：

$$V_i = \pi n_i (R^2 - h_i^2) \tag{4-10}$$

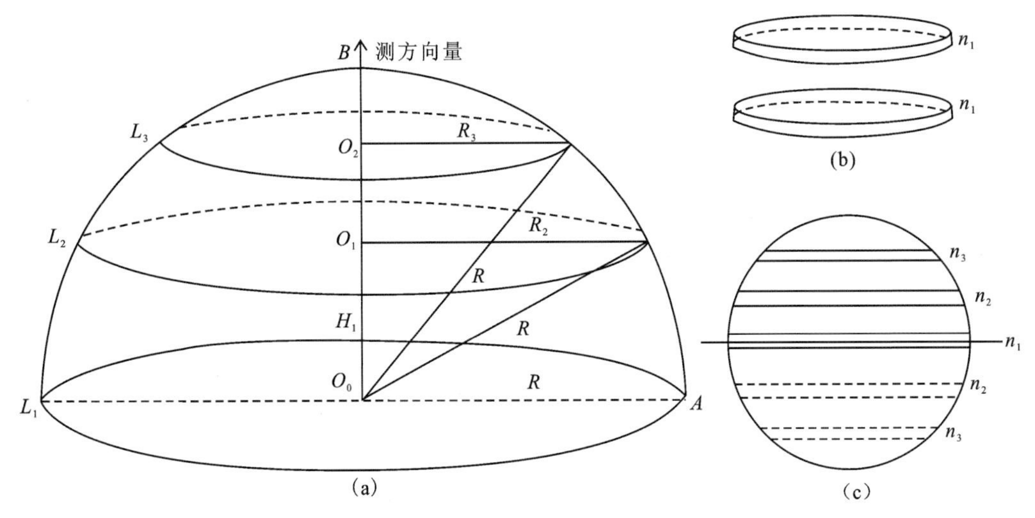

图4-91 体裂隙率计算示意图

(2)将第1组每条裂隙与球体交切体积求和可得到第1组裂隙在测量球体中所占的总体积。但受岩体出露条件所限，有时在野外较难找到大范围的岩体出露面，同时为减少野外工作量、简化计算量，在计算时我们近似认为裂隙在上下半球中是对称发育的[图4-91(c)]。因此对称累加计算第1组裂隙在测量球体中所占的总体积为：

$$V_i = \pi n_1 R^2 + \sum_{i=2}^{n} 2\pi n_i (R^2 - h_i^2) \tag{4-11}$$

多次测量统计取第1组裂隙与单位球体相交体积的均值为 V_1。同理，分别计算第 j 组($1 \leqslant j \leqslant m$)裂隙在测量球体中所占的体积均值，累加求和各组裂隙与测量球体交切的总体积：

$$V_v = \sum_{j=1}^{m} \bar{V}_j = \bar{V}_1 + \cdots + \bar{V}_m \tag{4-12}$$

(3)计算测量点体裂隙率为：

$$K_v = \frac{V_v}{V_0} = \frac{\sum_{j=1}^{m} \bar{V}_j}{4/3\pi R_3} \times 100\% \tag{4-13}$$

二、野外工作情况

根据天气和长岛船只航班情况，按照南长山岛、北长山岛、北隍城岛、南隍城岛、小钦岛、大钦岛、砣矶岛、大黑山岛、小黑山岛、庙岛的顺序进行了10个岛屿的体裂隙率调查。其中南长山岛、北长山岛、北隍城岛每个岛屿各2处体裂隙率调查，其他7个岛屿每个岛屿各1处体裂隙率调查，共计13处体裂隙率调查。详见图4-92～图4-101。

山前村南

望夫礁景区入口

图 4-92 南长山岛调查照片

嵩前北城村东

店子村西南

图 4-93　北长山岛调查照片

码头村西北

码头村西

图 4-94　北隍城岛调查照片

图 4-95　南隍城岛(南村东)调查照片

图 4-96　小钦岛(码头东北)调查照片

图 4-97　大钦岛(南村北)调查照片

图 4-98 砣矶岛(码头南)调查照片

图 4-99　大黑山岛(码头北)调查照片

图 4-100　小黑山岛(码头北)调查照片

图 4-101　庙岛调查(庙岛村西)照片

第五章　经验总结

第一节　高陡石英岩崖壁大小孔径孔口水汽场规律

对两种孔径孔内进行的温度、湿度监测，同时进行监测点附近的风速、风向、大气压、降水量、光照强度的检测，并将数据形成曲线，由于数据量太大，为更好地发现规律，孔内和空气温度、湿度抽取每月23日中午数据(2021年6—9月)，如图5-1～图5-5所示。湿度有绝对湿度和相对湿度，绝对湿度为某一时刻空气温度为某一固定数值时，单位体积空气中的水汽含量(g/m^3)，而同样温度下的绝对湿度与水汽饱和湿度之比为相对湿度(蒋冲等，2015；余启明等，2019)。本次孔内监测的湿度为孔内土壤相对湿度，单位为%。RH即相对湿度(Relative humidity)，是用露点温度来定义的，即气体中所含水蒸气量(水蒸气压)与其空气相同情况下饱和水蒸气量(饱和水蒸气压)的百分比。

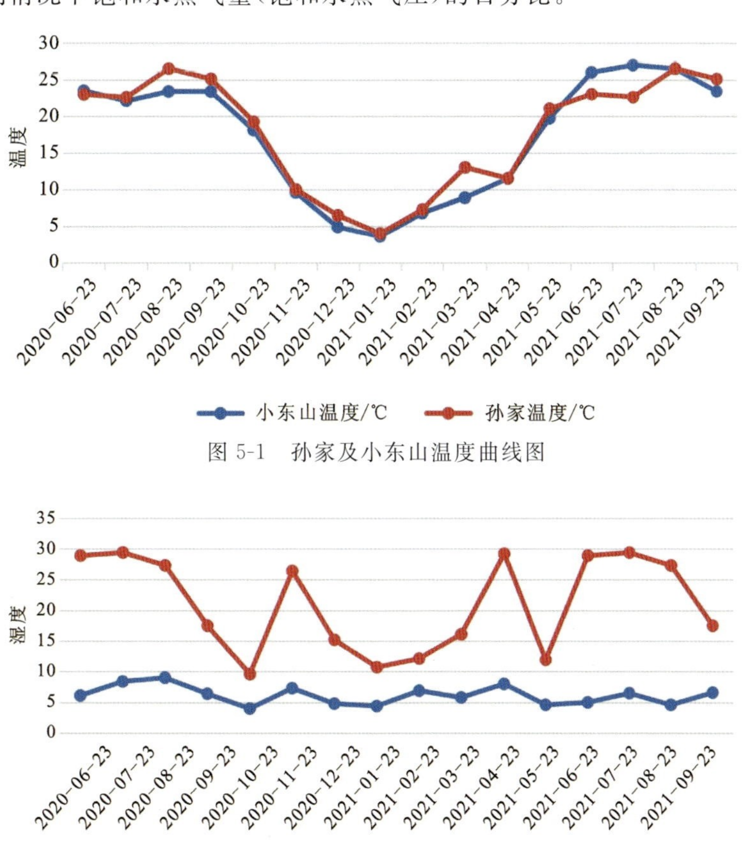

图5-1　孙家及小东山温度曲线图

图5-2　孙家及小东山湿度曲线图

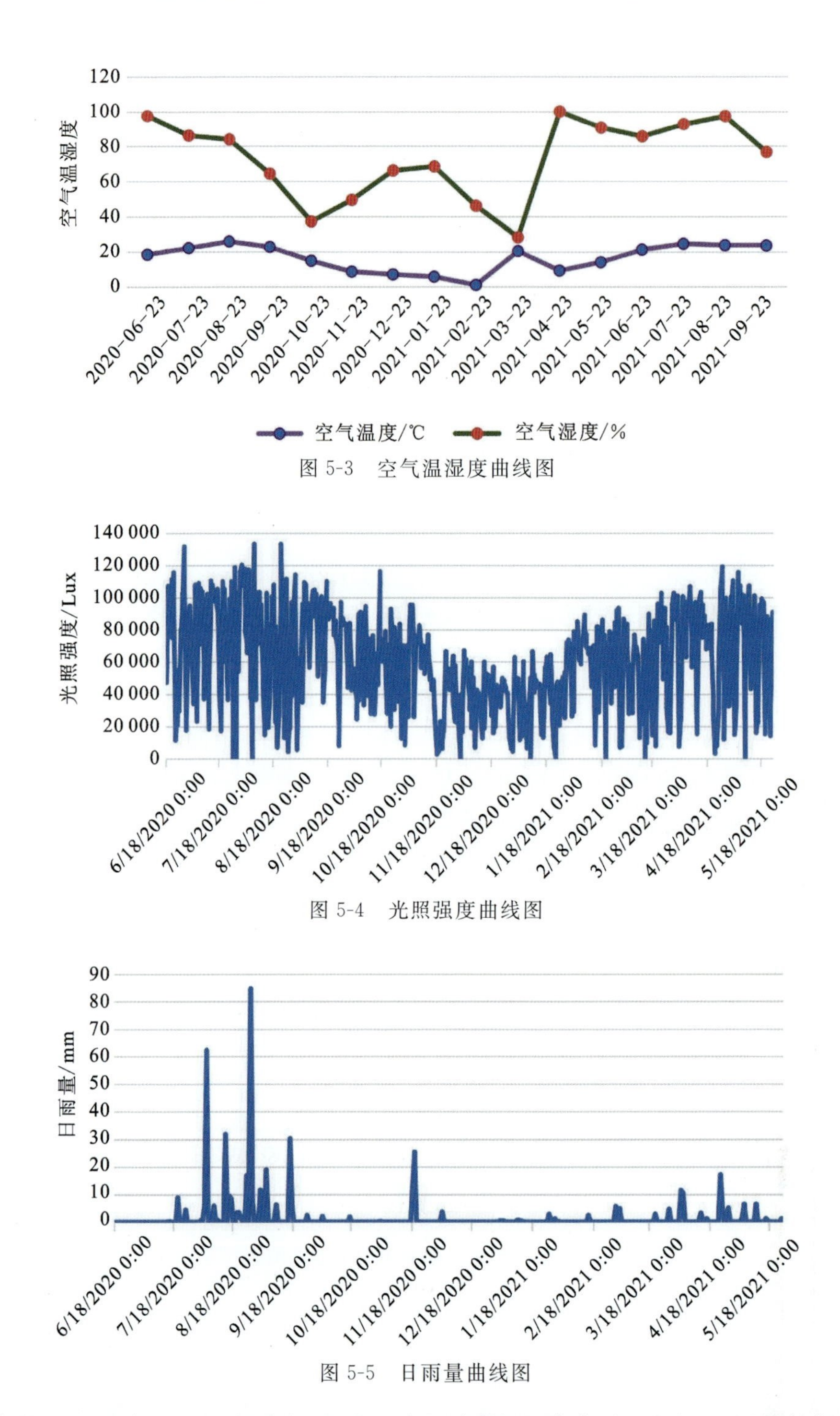

图 5-3　空气温湿度曲线图

图 5-4　光照强度曲线图

图 5-5　日雨量曲线图

从监测曲线对比图中可以初步看出，两个地方距离较近，降水量、风速、日照等外部条件基本差不多，300mm 孔径的孙家试验区与 150mm 孔径的小东山试验区相比，孔内温度差不多，变化曲线类似，但是湿度却相差很大，300mm 孔径土壤湿度数值为 150mm 孔径土壤湿度数值的 2～5 倍，蒸发量小、降水量大时接近 5 倍。150mm 孔径内土壤湿度变化曲线与温度类似，300mm 孔径内土壤湿度变化曲线总体趋势接近温度曲线，但是在冬天降雪期间，日照强度低，蒸发量小，降水量增加，300mm 孔径内监测的湿度比 150mm 孔径内明显有提高，这对植物生长是特别有利的，绿化一年后的效果也很好地说明了这一点(图 5-6、图 5-7)。

图 5-6　孙家试验区绿化一年后效果

图 5-7　小东山试验区绿化一年后效果

第二节 不同类型高陡石英岩崖壁水汽场规律

一、石英岩崖壁凿孔孔内水汽场特征

（一）新凿孔水汽场统计规律

将16个孔的监测数据生成曲线进行分析。节点3、5、7、9分别对应孔内最深监测点、次深监测点、较浅监测点、最浅监测点，即对于1m深度的孔，节点3对应1m，节点5对应0.75m，节点7对应0.5m，节点9对应0.25m；对于2m深度的孔，节点3对应2m，节点5对应1.5m，节点7对应1m，节点9对应0.5m。由于本次监测设备露天部分位于山顶，紧邻海边，长岛冬季风大雨雪多，出现设备进水情况，导致S2D2（阴面，孔径300mm，孔深2m）、S2X3（阴面，孔径150mm，孔深1m）、S2X4（阴面，孔径150mm，孔深1m）等设备数据有问题，目前没有连续数据。其他设备目前正常。

将正常监测设备不同监测数据形成趋势图，具体如图5-8～图5-33所示。

1. S1D1（阳面，孔径300mm，孔深2m）

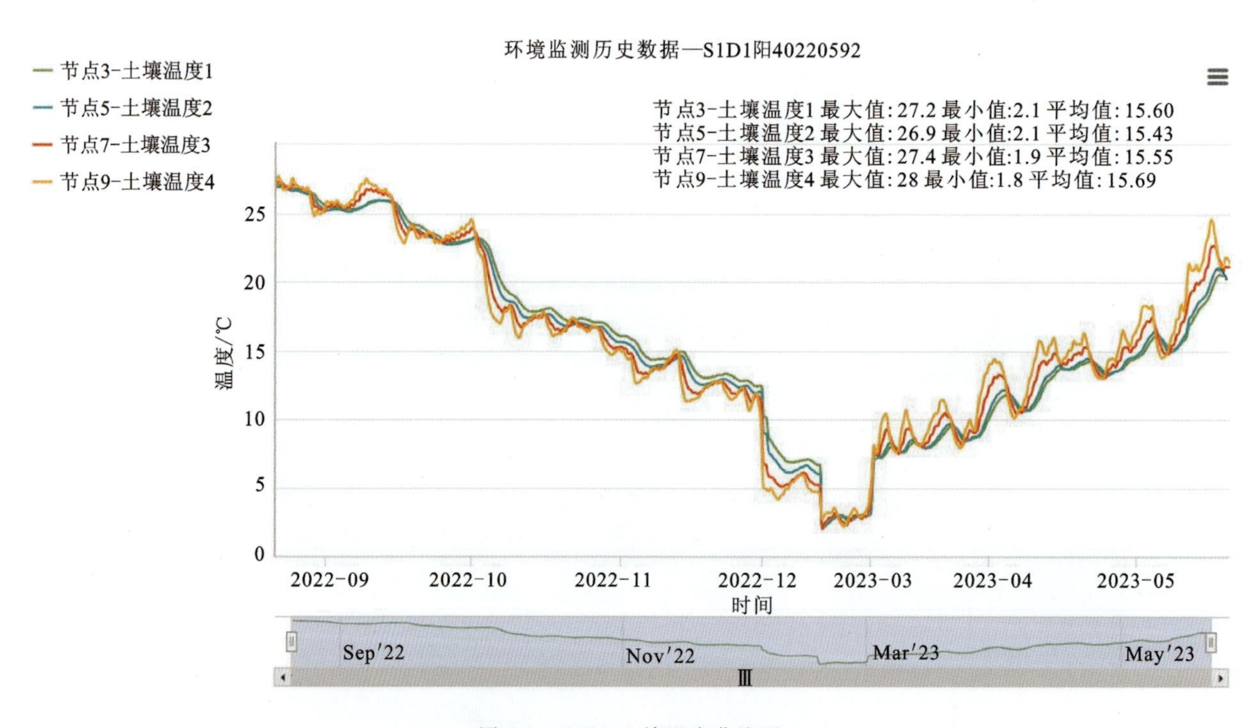

图5-8 S1D1土壤温度曲线图

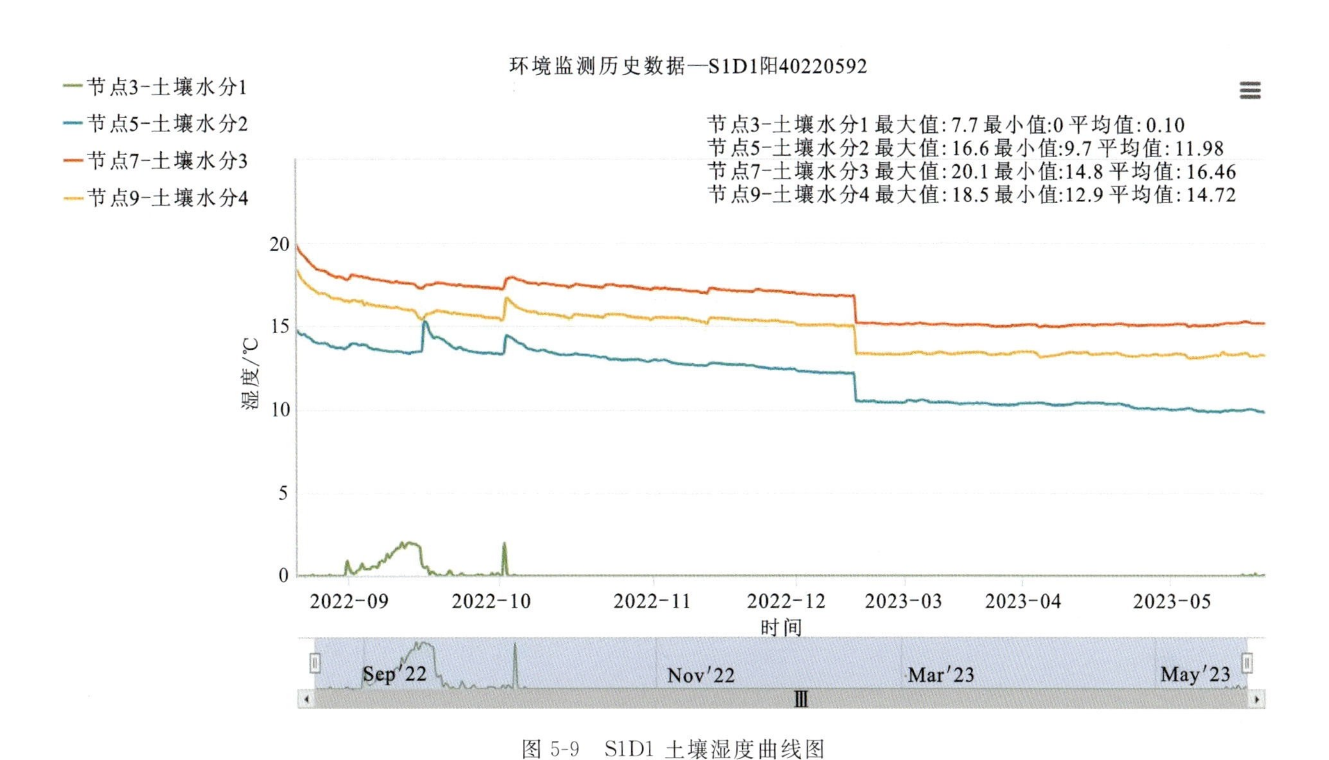

图 5-9　S1D1 土壤湿度曲线图

2. S1D2(阳面,孔径 300mm,孔深 2m)

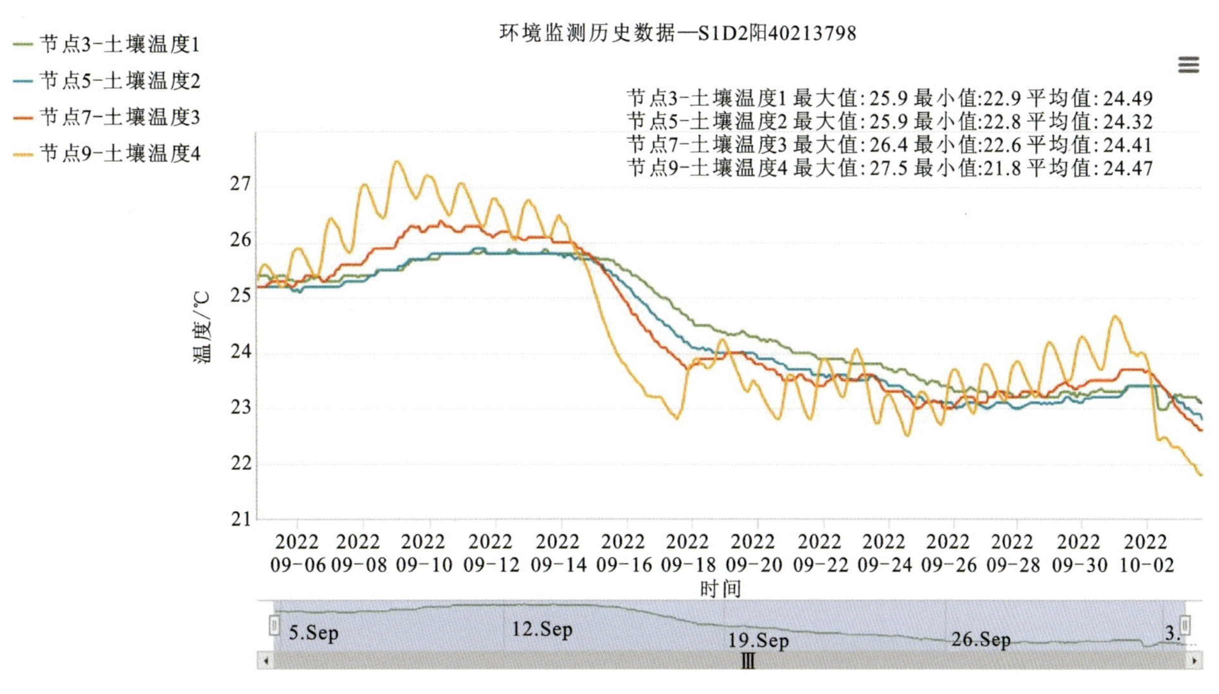

图 5-10　S1D2 土壤温度曲线图

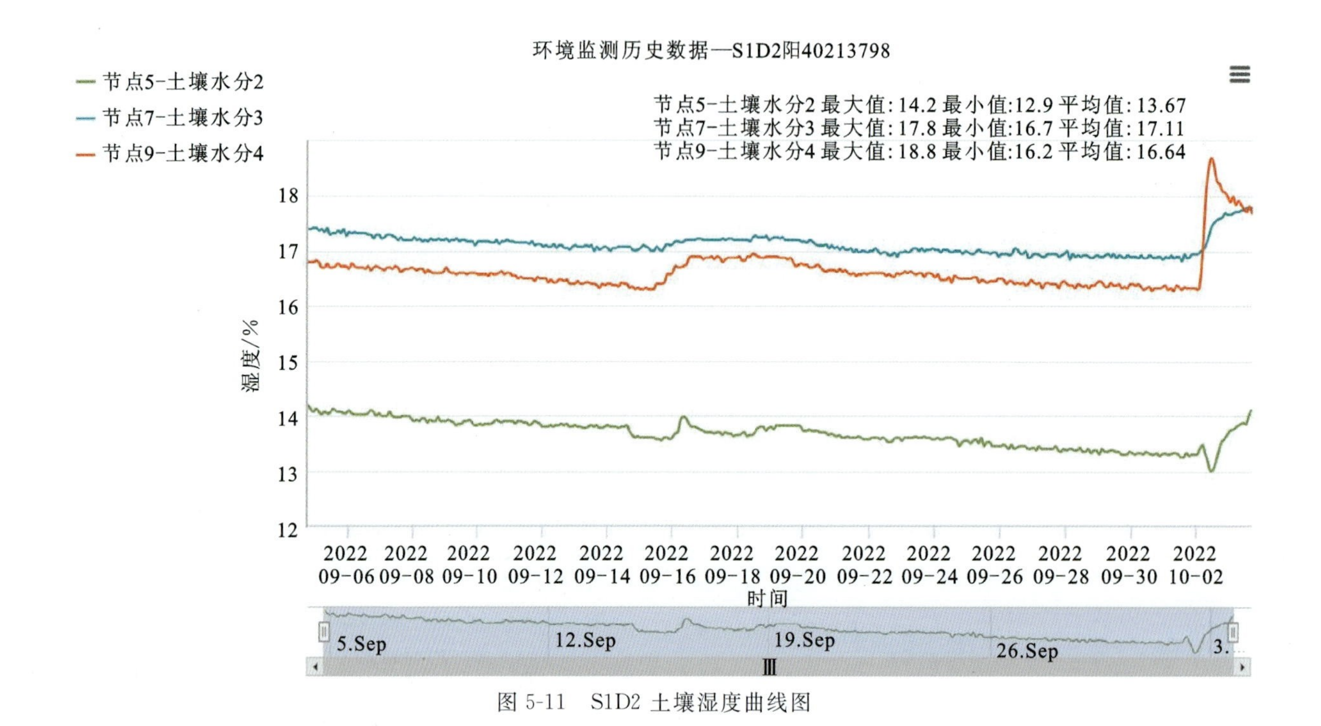

图 5-11 S1D2 土壤湿度曲线图

3. S1X1(阳面,孔径 150mm,孔深 2m)

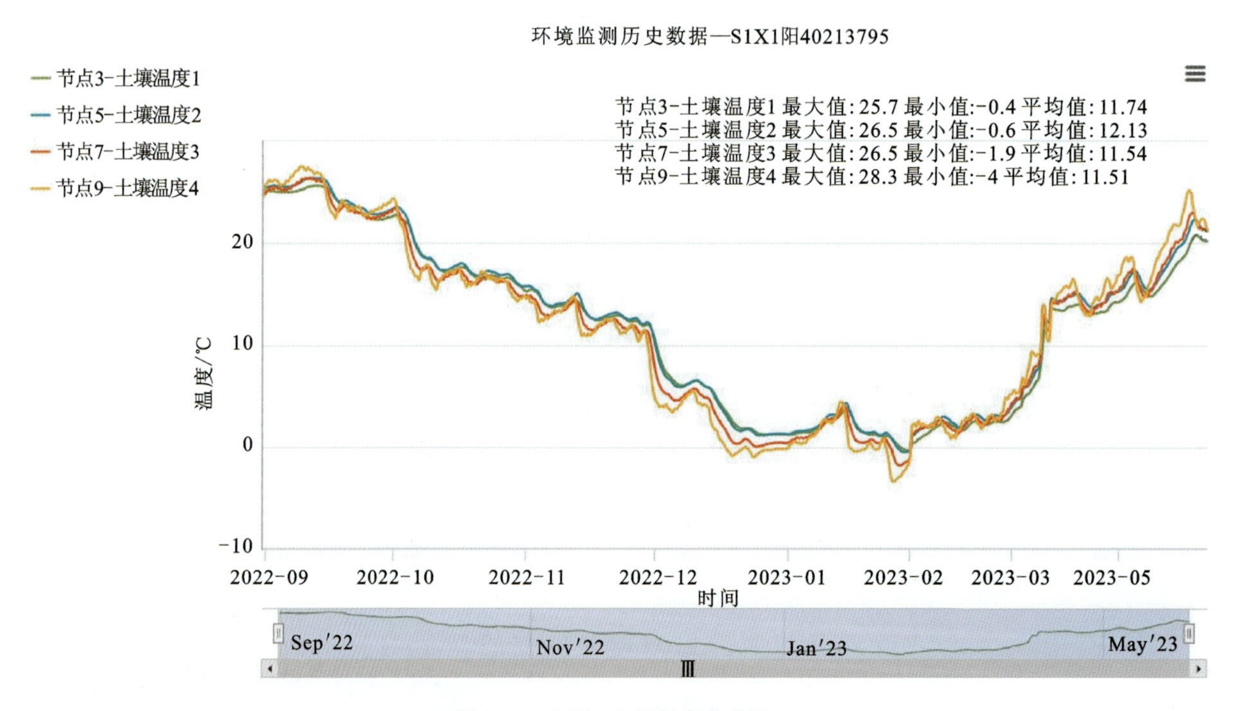

图 5-12 S1X1 土壤温度曲线图

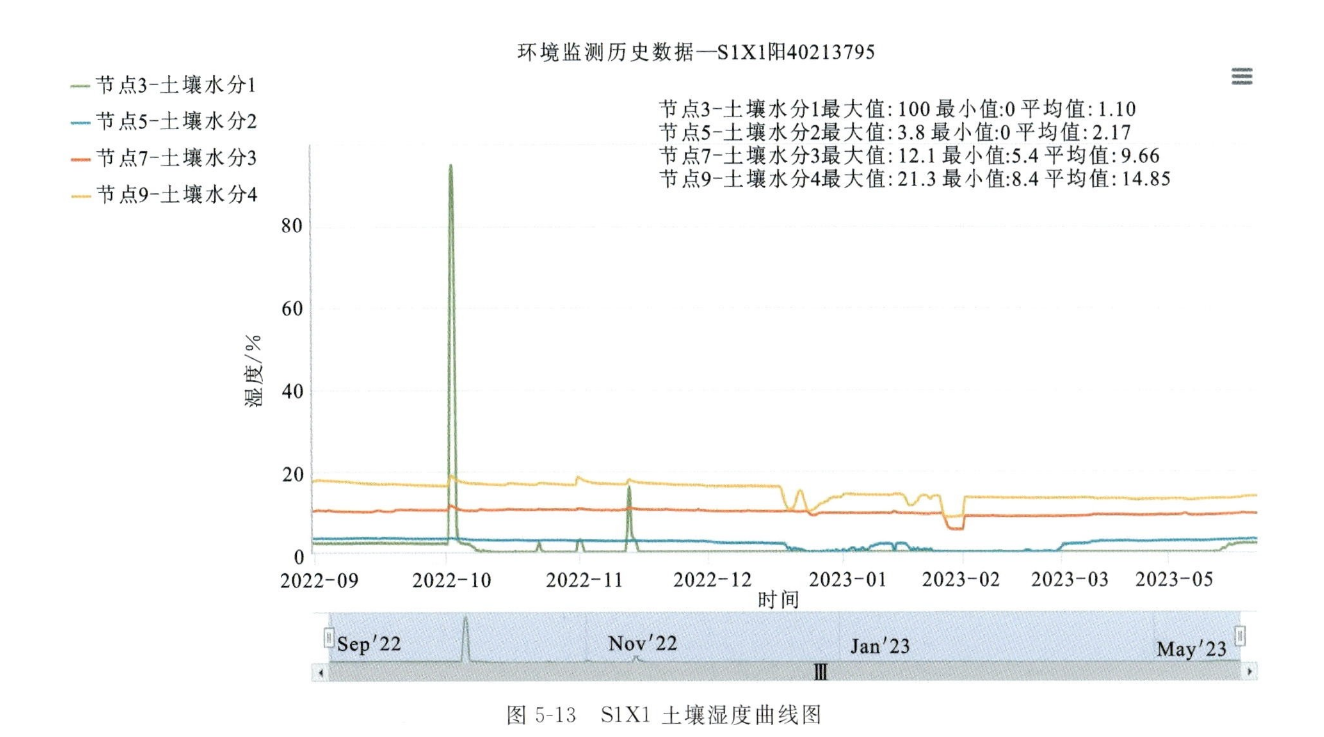

图 5-13　S1X1 土壤湿度曲线图

4. S1X2(阳面,孔径 150mm,孔深 2m)

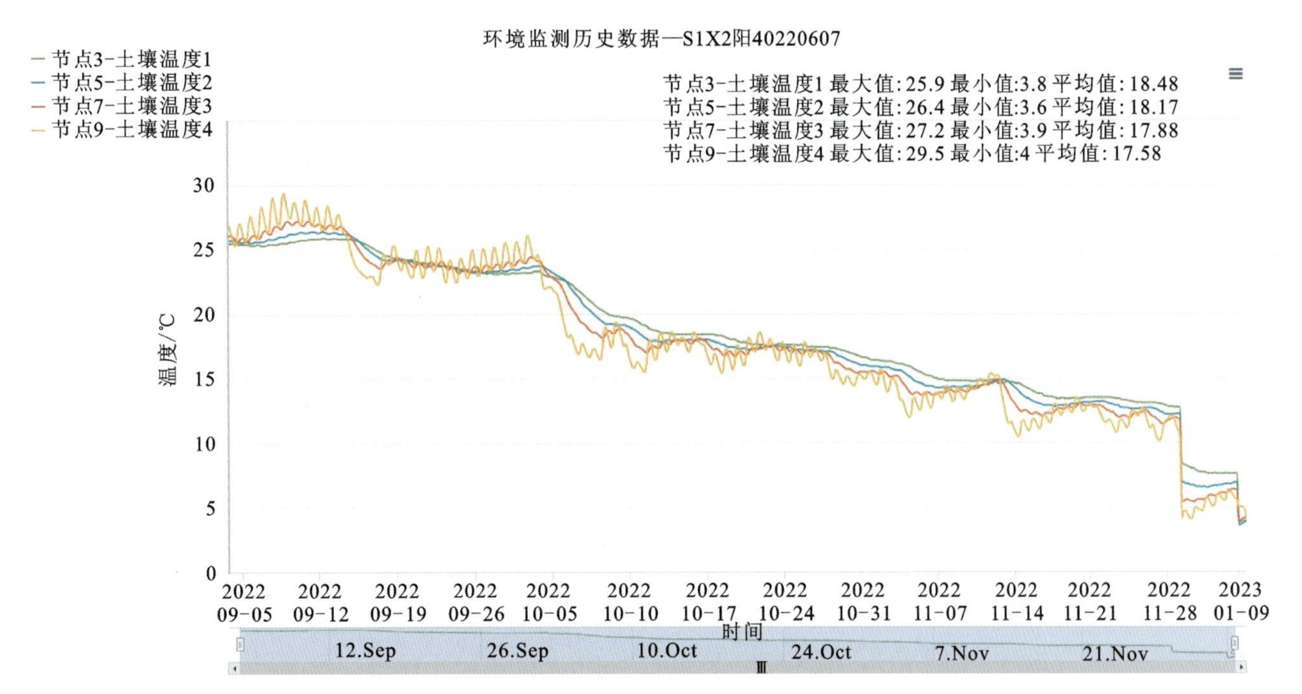

图 5-14　S1X2 土壤温度曲线图

5. S1D3(阳面,孔径 300mm,孔深 1m)

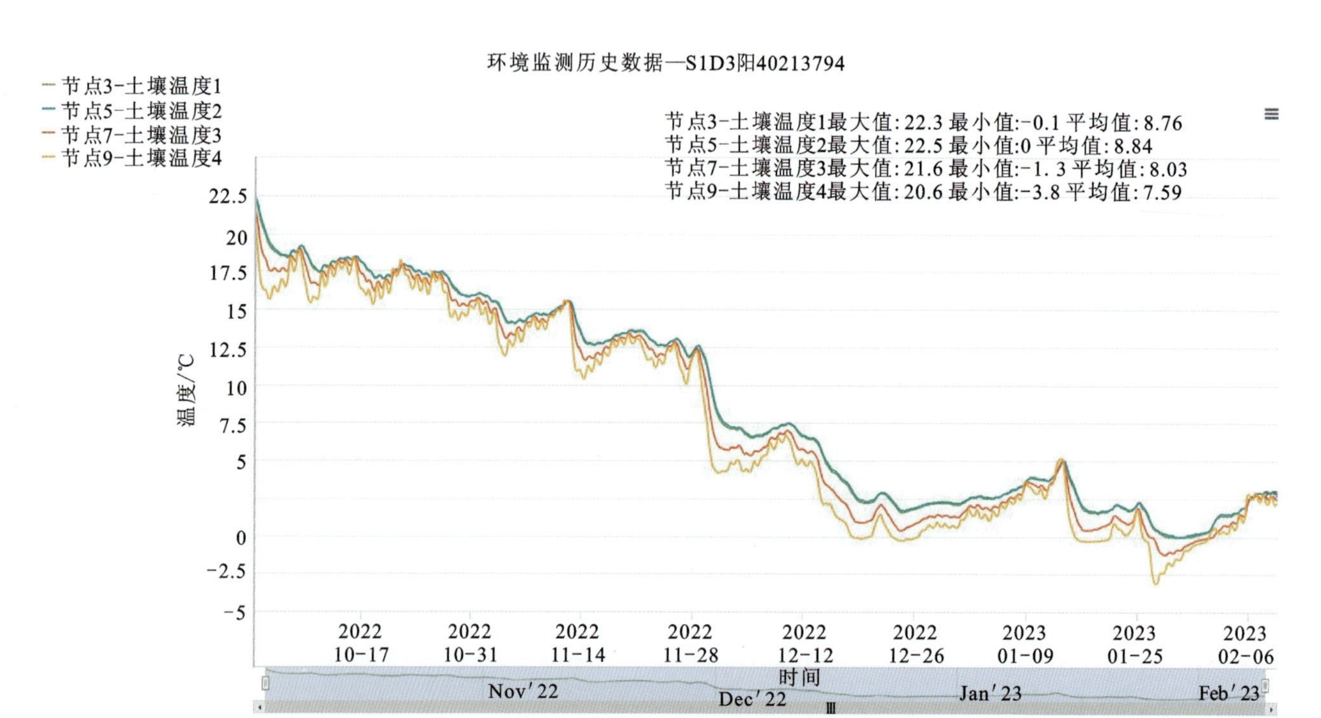

图 5-15　S1D3 土壤温度曲线图

图 5-16　S1D3 土壤水分曲线图

6. S1D4(阳面,孔径 300mm,孔深 1m)

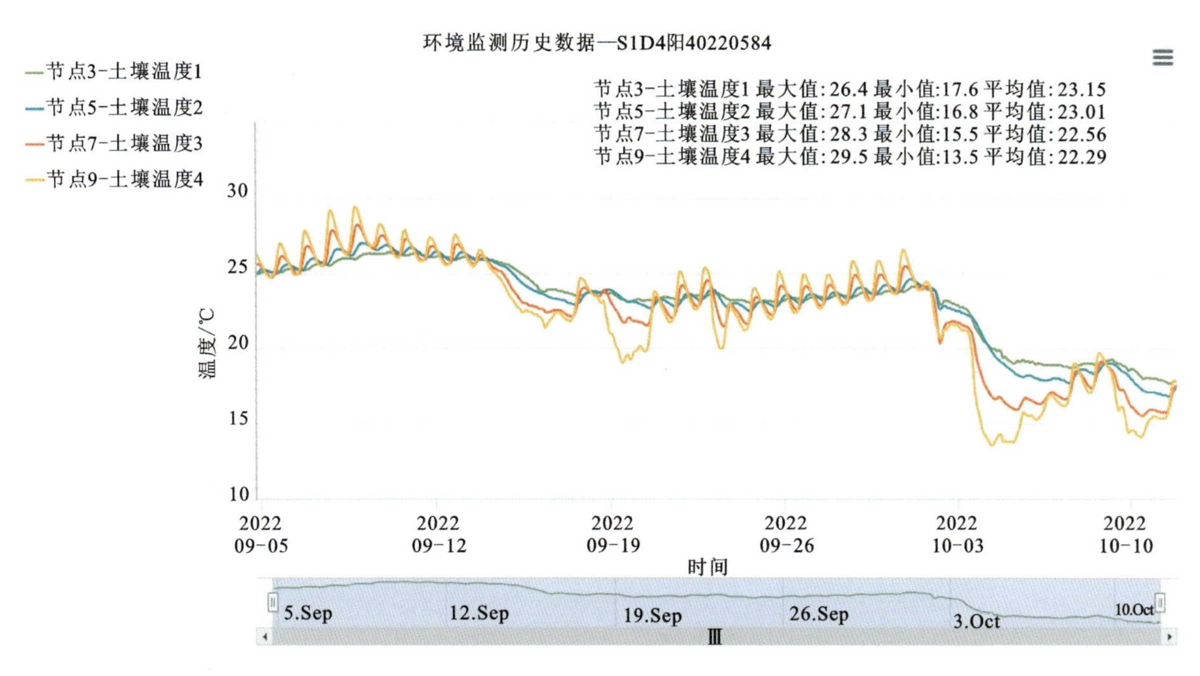

图 5-17　S1D4 土壤温度曲线图

7. S1X3(阳面,孔径 150mm,孔深 1m)

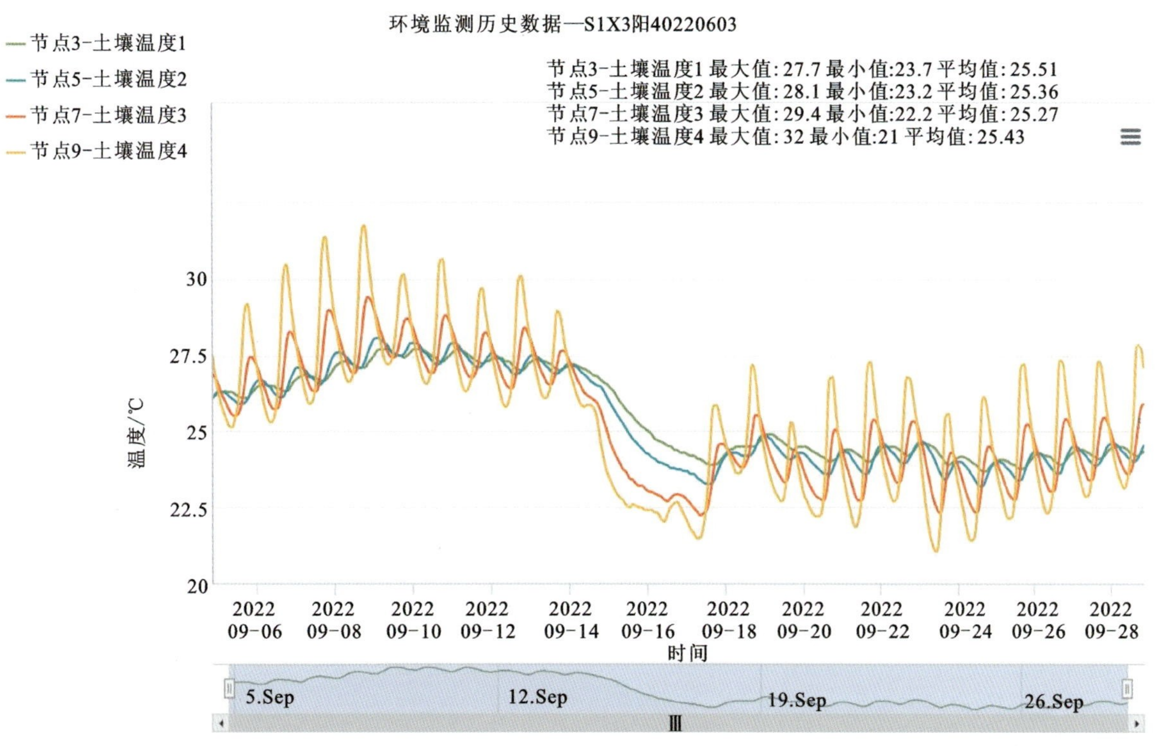

图 5-18　S1X3 土壤温度曲线图

图 5-19　S1X3 土壤湿度曲线图

8. S1X4(阳面,孔径 150mm,孔深 1m)

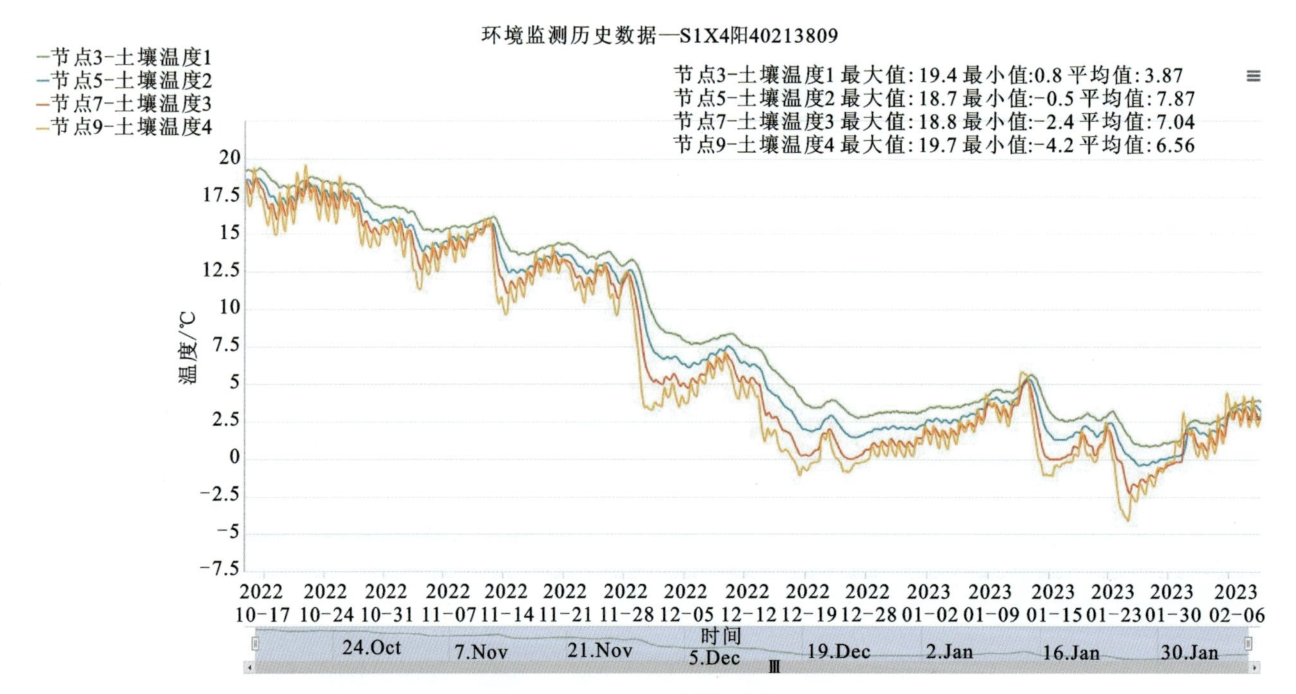

图 5-20　S1X4 土壤温度曲线图

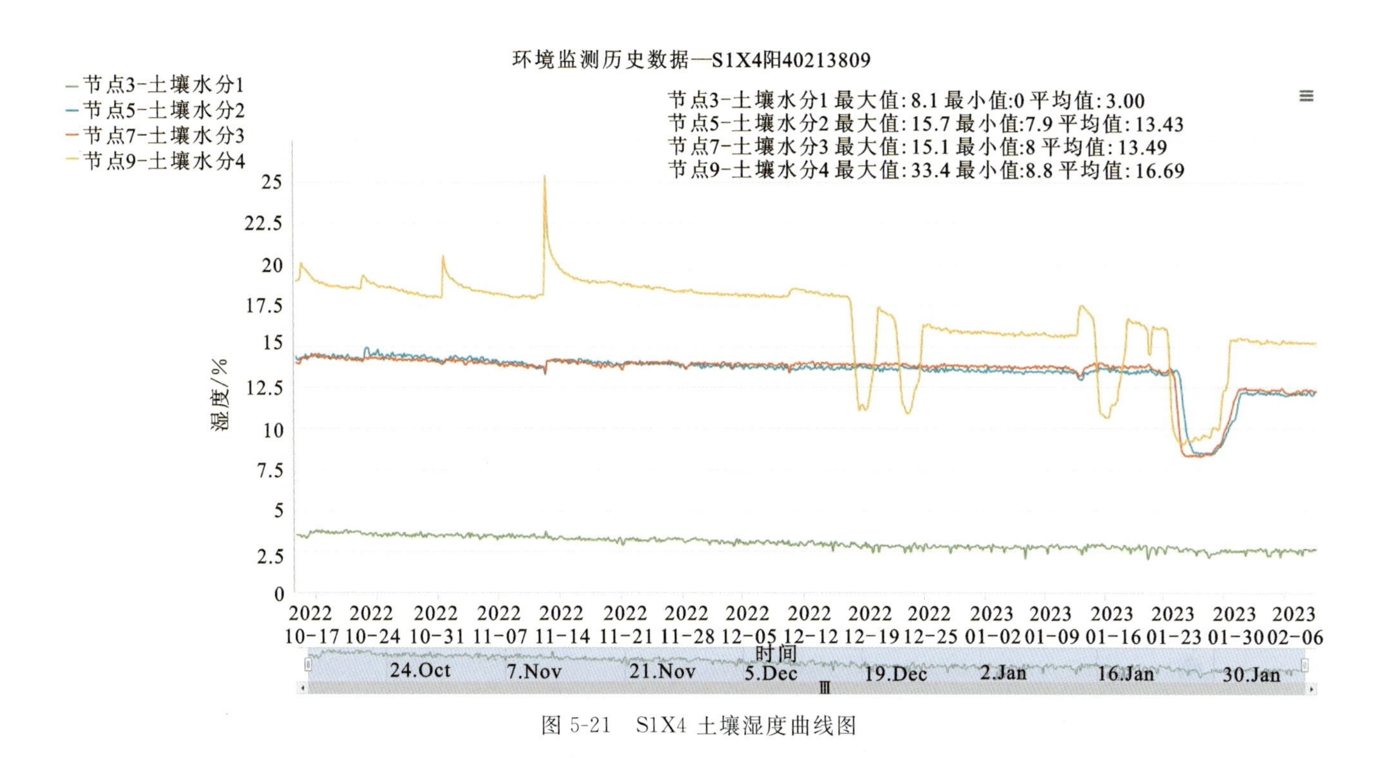

图 5-21　S1X4 土壤湿度曲线图

9. S2D1(阴面,孔径 300mm,孔深 2m)

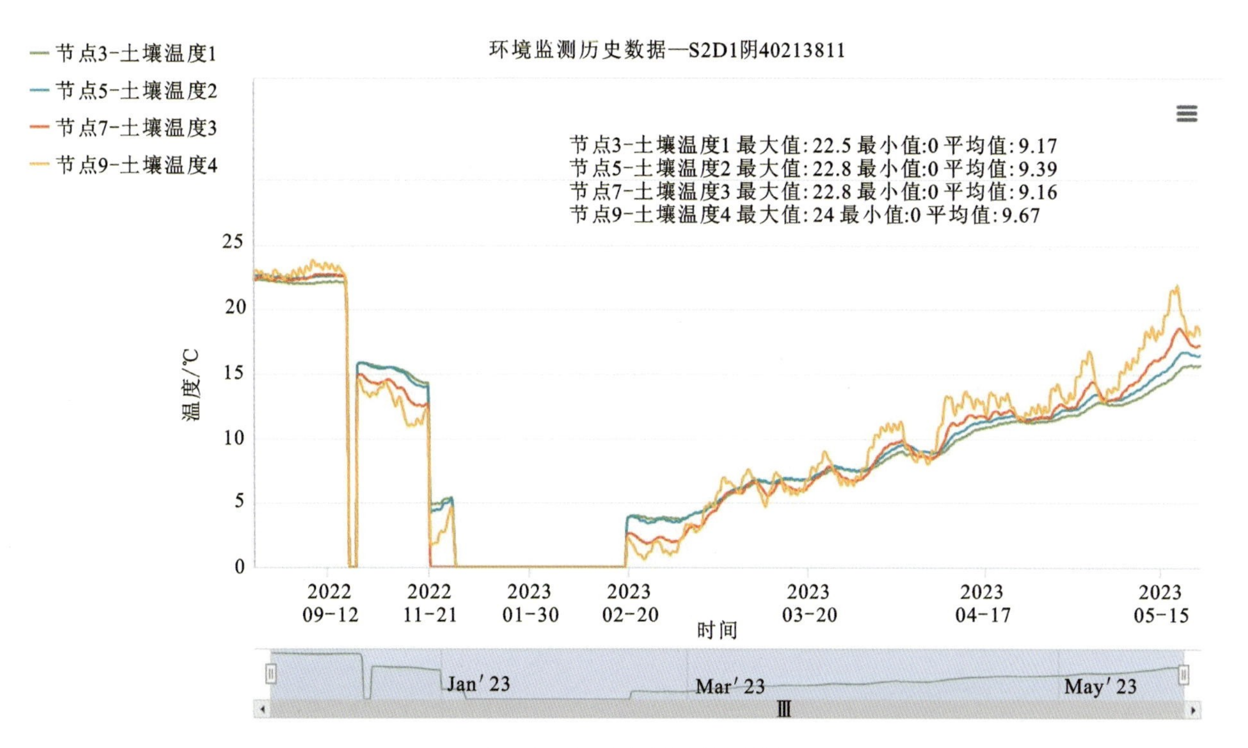

图 5-22　S2D1 土壤温度曲线图

10. S2X1(阴面,孔径 150mm,孔深 2m)

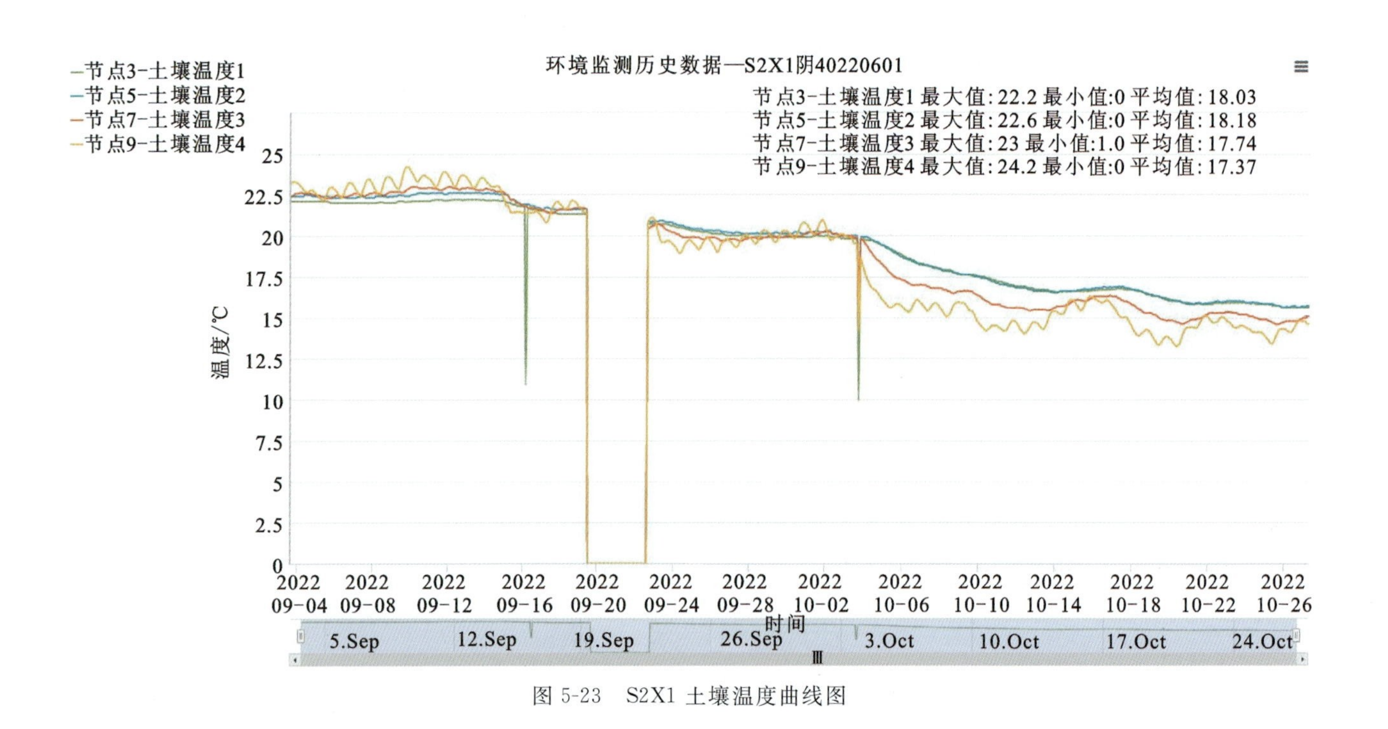

图 5-23　S2X1 土壤温度曲线图

11. S2X2(阴面,孔径 150mm,孔深 2m)

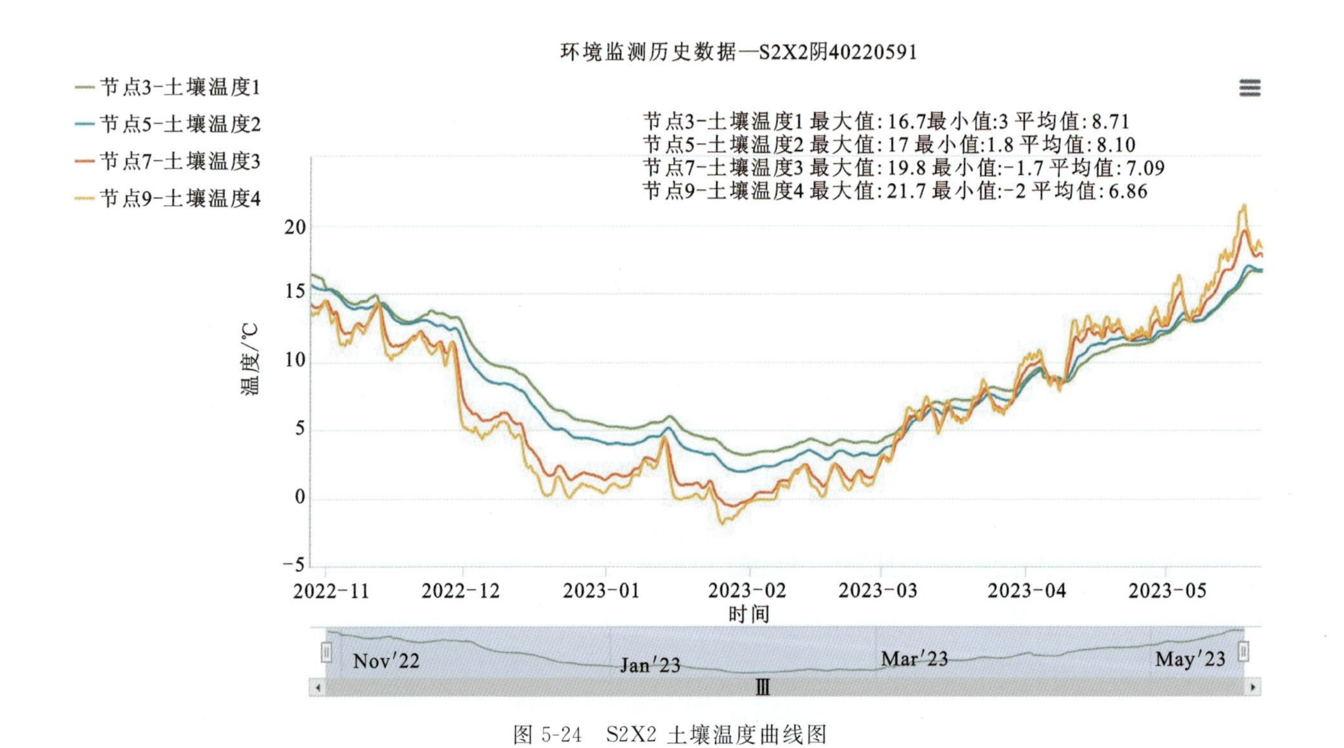

图 5-24　S2X2 土壤温度曲线图

12. S2D3(阴面,孔径 300mm,孔深 1m)

图 5-25 S2D3 土壤温度曲线图

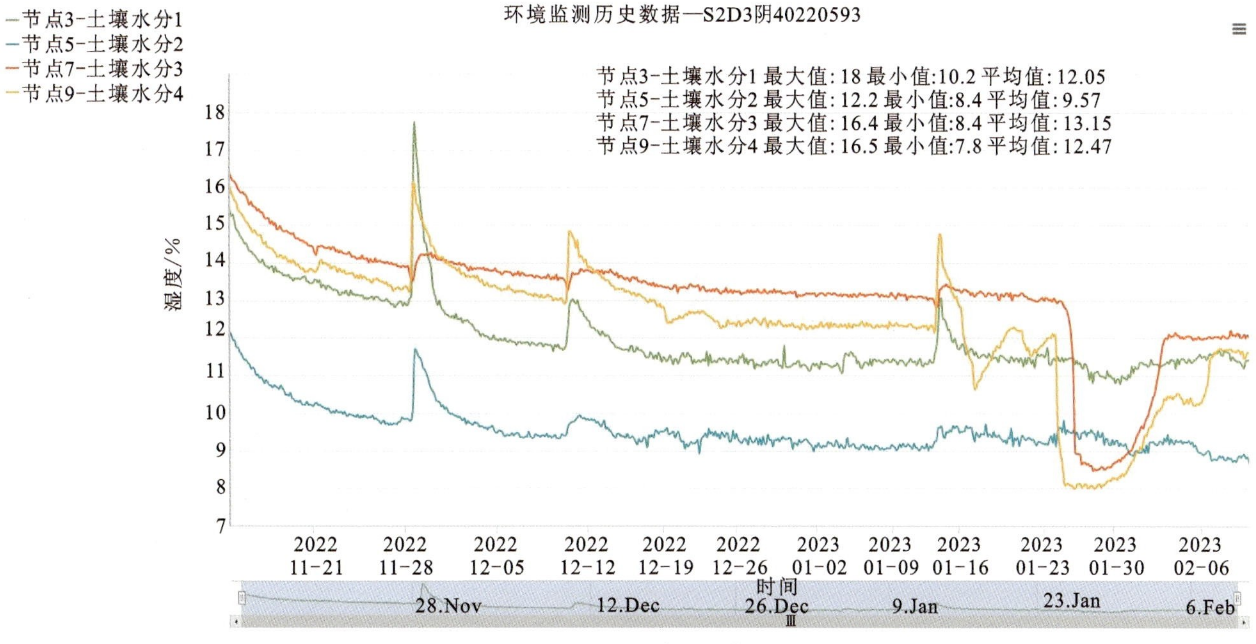

图 5-26 S2D3 土壤湿度曲线图

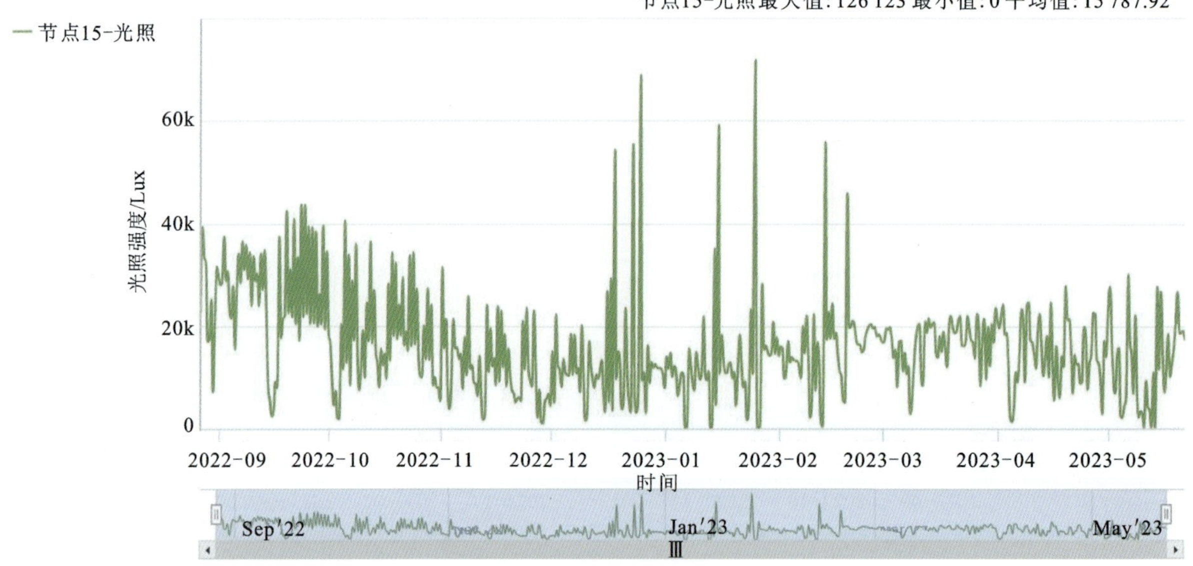

图 5-27　S2D3 光照强度曲线

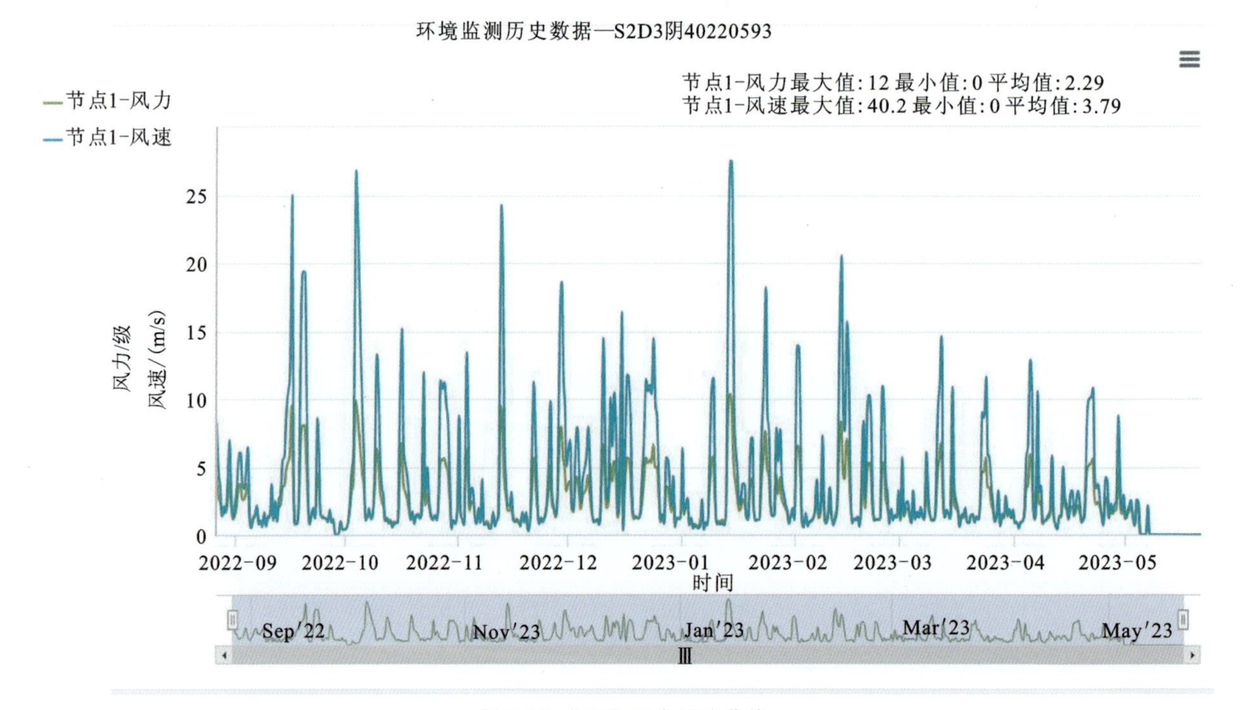

图 5-28　S2D3 风力风速曲线

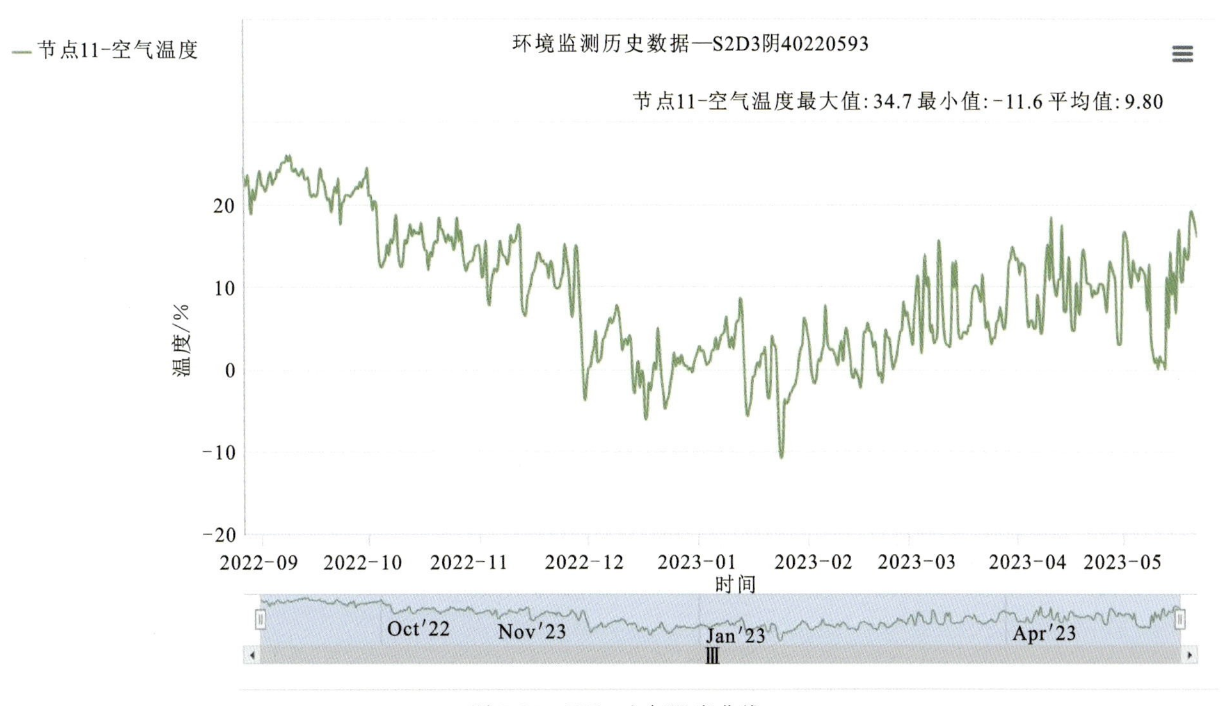

图 5-29　S2D3 空气温度曲线

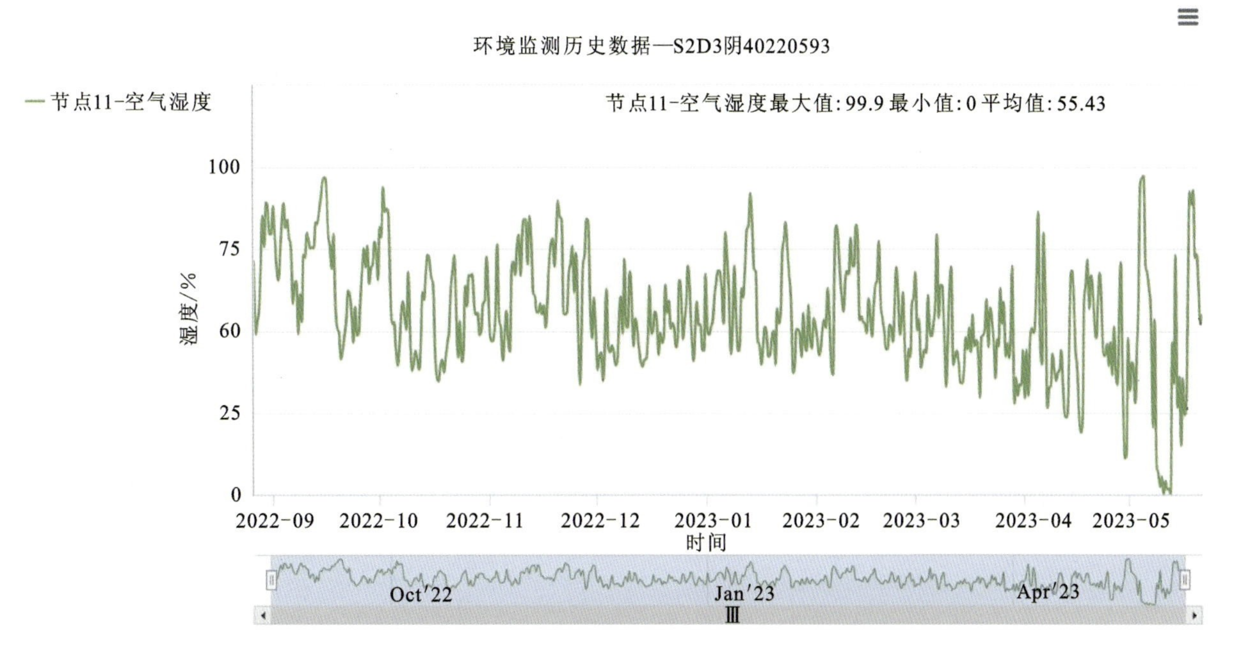

图 5-30　S2D3 空气湿度曲线

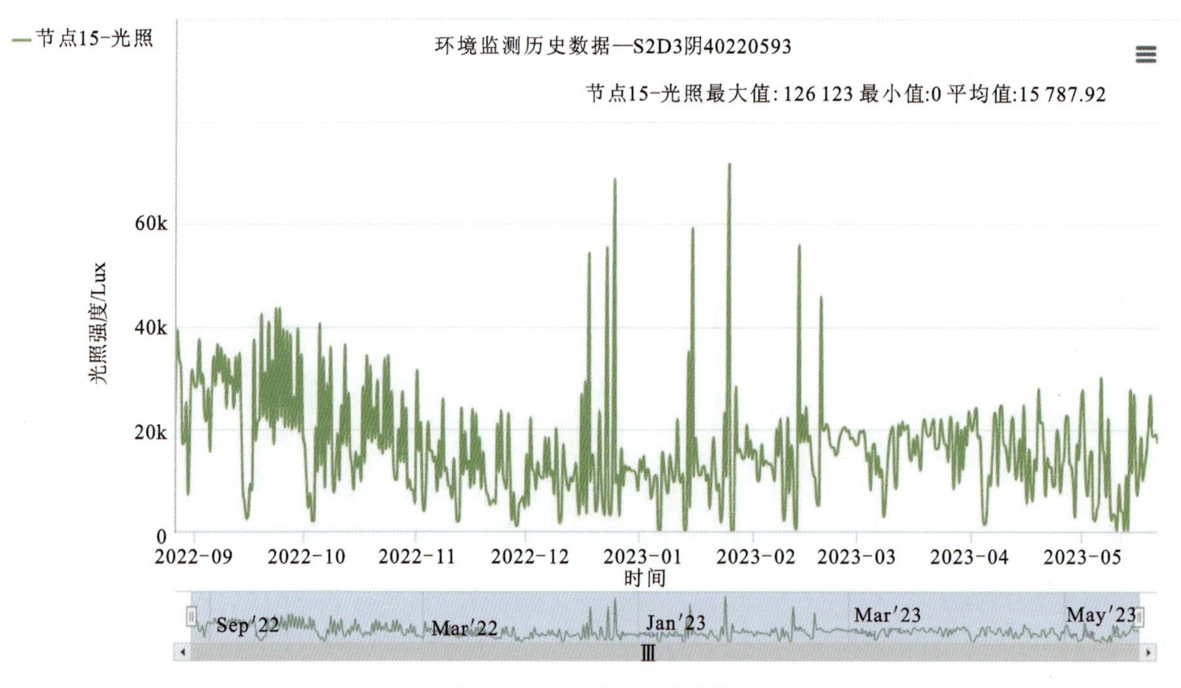

图 5-31　S2D3 光照强度曲线

13. S2D4(阴面,孔径 300mm,孔深 1m)

图 5-32　S2D4 土壤温度曲线图

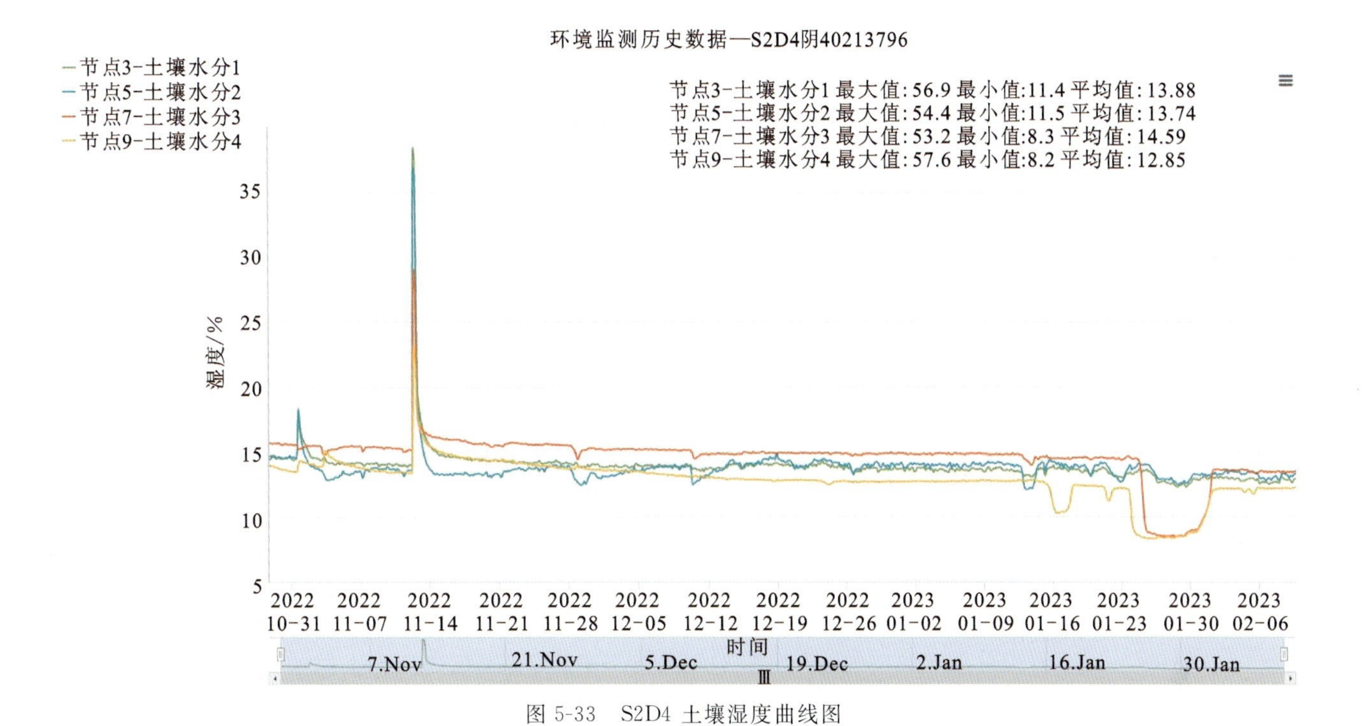

图 5-33　S2D4 土壤湿度曲线图

从以上各图可知，湿度突然增大为人工灌溉导致，孔内越深处数值越大，这是由于孔倾斜角度为 20°，向内倾斜，最深处湿度最大，向外逐渐降低，说明水分都进入到孔最深处。孔深 1.5m 和 2m 会有突然湿度增大的情况，推测为石英岩内部裂隙水。

从图中可以看出，温度方面，阳面孔距离孔口越近，温度变化越大，而且夏季孔口温度明显大于内部温度，到秋季（10 月 1 日）以后孔口温度反而低于孔内部温度，到春季气温回升时（150mm 孔径 2 月 1 日，300mm 孔径 3 月 1 日）孔口温度又超过孔内部温度。孔深 2m 的孔 1.5m 和 2.0m 深度温度在炎热季节非常相近，150mm 孔径 2m 处温度略低于 1.5m 处，300mm 孔径 2m 处和 1.5m 处温度基本没有差别，2m 深度在秋冬季是温度最高的。1m 深度的孔 0.75m 和 1m 深度温度基本一致，夏季距离孔口近处温度略高于孔内部，进入 10 月 1 日，孔口温度突然降低，低于孔内部温度。150mm 孔比 300mm 孔孔口温度变化更加剧烈，在 10 月份有孔口温度超过内部的情况，这在 300mm 孔径中不会发生。

湿度方面，150mm 孔的孔口湿度数值最大，300mm 孔反而是距离孔口 1m 湿度大于孔口且为最大。

1 月 30 日左右，空气温度骤降，光照强度突然增大，导致阴阳面土壤湿度出现骤降，其中阴面只有 0.25m 和 0.5m 表现明显，0.75m 和 1m 处基本无影响，而阳面则只有 1m 处无影响，0.25m、0.5m 和 0.75m曲线都有明显影响。

总体来讲，由于前期灌溉及设备需要调试，部分数据不具有代表性，以现在的数据来看，S2D3 和 S1D4 分别为阴阳面孔径 300mm 和孔深 1m 的孔有较好的对比性和连续性。温度方面，从该 2 孔数据来看孔口温度及孔内温度阴面明显低于阳面。孔口与孔内温度差阳面大于阴面。湿度方面，1m 孔阳面孔口湿度大于孔内，阴面规律相差很大，湿度最大的是 0.5m 处，其次分别为 0.25m、1m、0.75m，说明阴面水分在 0.5m 处聚集较好，而 1m 处优于 0.75m 可能与阴面裂隙水能够存住有关。阴面湿度较为集中 9～14 之间，湿度最低值高于阳面最低值，阳面数值跨度大，阴面 4 个深度与阳面 0.5m 和 0.75m 深度处较为接近。阳面 1m 处湿度最小且波动很小。阴面孔内 0.75m 以深湿度受外界变化影响不大，0.5m 以浅受外界影响较大，但总体深度内外差别不会很大，而阳面 1m 深度以深受外界影响不大，总体内外湿度差别大，阳面 1m 处湿度（2～4）明显小于阴面 1m 处湿度（9～12）。

多年生植被在冬季休眠期根系温度不低于4℃，夏季生长旺盛时期不超过30℃。本次监测时间短，从9月到2月，经过了最冷的月份，崖壁内0.75m以深处温度完全满足植物根系对温度的需求。

此外，根据2022年8月18日—2023年6月3日风向记录(表5-1)，除去夏季，这10个月的风向以西北风为主，其次为东南风。

表5-1 2022年8月18日—2023年6月3日风向比例表

风向	占比/%
北风	4.20
东北风	1.78
东风	5.65
东南风	23.26
南风	8.46
西北风	43.93
西风	8.66
西南风	4.06

(二)新凿孔水汽场径向规律

分别选取目前数据量可用钻孔数据进行孔深方向的规律分析，从2022年9月23日春分开始，抽取每个月23日中午孔内温度和湿度数据作为代表性数据。由于目前有效数据量比较小，仅选取了4个钻孔进行分析：S1D3(阳1m,300mm)、S1X4(1m,150mm)、S1D1(2m,300mm)、S1X1(2m,150mm)。温度和湿度的后缀4、3、2、1代表由浅到深，1m深孔分别为0.25m、0.5m、0.75m、1m。2m深孔分别为0.5m、1m、1.5m、2m。详述如下：

1. S1D3(阳1m,300mm)(表5-2、表5-3,图5-34～图5-37)

表5-2 S1D3孔逐月土壤温度统计表(℃)

S1D3阳时间	土壤温度4(0.25m)	土壤温度3(0.5m)	土壤温度2(0.75m)	土壤温度1(1m)
2022-09-23	21.7	23.1	23.8	23.7
2022-10-23	16.2	17	17.6	17.6
2022-11-23	11	11.8	12.7	12.7
2022-12-23	−0.1	0.8	2.2	2.1
2023-01-23	0.4	1.3	2.2	2
2023-02-23	2.60	2.90	3.40	3.30
2023-03-23	9.4	10	10.4	10.3
2023-04-23	12	12.8	13.6	13.4

表 5-3 S1D3 孔逐月土壤湿度统计表(%)

S1D3 阳时间	土壤湿度 4(0.25m)	土壤湿度 3(0.5m)	土壤湿度 2(0.75m)	土壤湿度 1(1m)
2022-09-23	13.9	12.7	11.3	10.7
2022-10-23	14.1	12.6	12.5	11.5
2022-11-23	13.6	12.2	11.2	10.8
2022-12-23	12.2	11.7	11.5	11.6
2023-01-23	11.4	11.5	11.1	10
2023-02-23	11.4	10.4	10.7	10.8
2023-03-23	11.1	10.7	10.6	10.7
2023-04-23	11.9	11.3	10.8	9.7

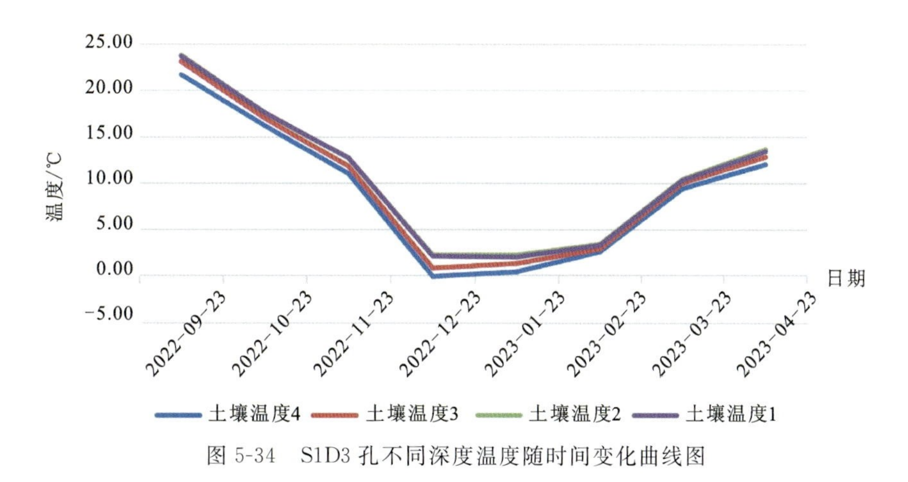

图 5-34 S1D3 孔不同深度温度随时间变化曲线图

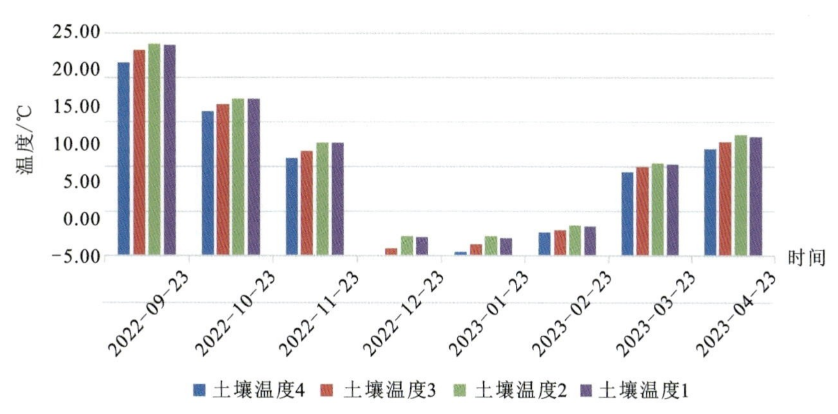

图 5-35 S1D3 孔不同时间由浅到深温度变化曲线图

温度变化规律：1m 深孔径 300mm 阳面孔从秋季到冬季，孔内温度往深处逐渐增加，随着深度的增加，增温的幅度降低，到 0.75m 处温度达到最高，然后温度缓慢下降，1m 处温度虽然低于 0.75m 处，但是依然大于 0.5m 处。温度的增幅方面，秋季 0.25～0.5m 处增幅最大，冬季 0.5～0.75m 变为增幅最大深度，到了最冷的 12 月份尤其明显。最冷月份为 12 月到次年 1 月，孔内 0.5m 以深保持在 2℃以上。

湿度变化规律：湿度总体随着深度差别不大，最深处与最浅处湿度差别在 4%以内。1m 深孔径 300mm 阳面孔从秋季到冬季，孔内湿度往深处逐渐减小，随着深度的增加，降低的幅度秋季大，冬季幅度变小，到 12 月份甚至出现 1m 处湿度大于 0.75m 湿度。总体湿度 0.5m 以深变化较小。

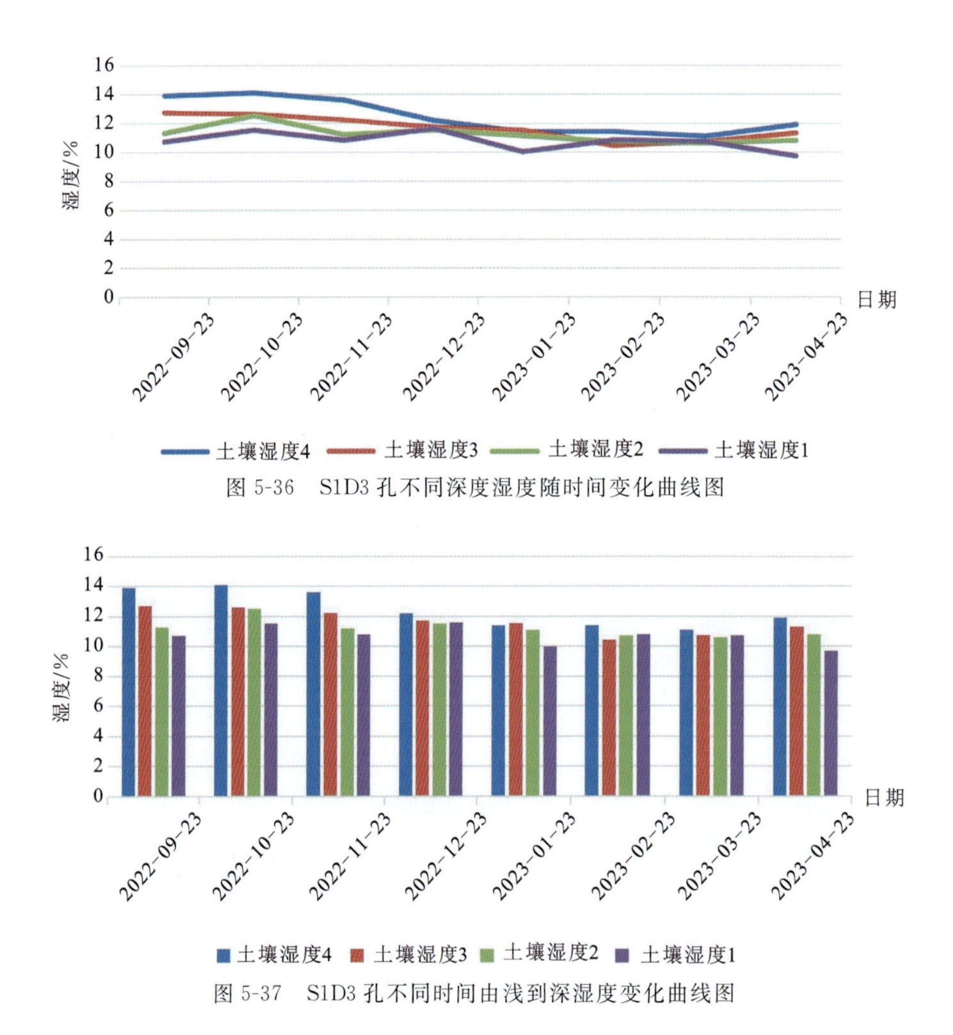

图 5-36　S1D3 孔不同深度湿度随时间变化曲线图

图 5-37　S1D3 孔不同时间由浅到深湿度变化曲线图

因此，对于 1m 深 300mm 孔径阳面的种植孔来说，深度增加能够为植物生长提供所需的温度和湿度，0.75m 深度孔具有更高的经济效益和生态效益。湿度保证在 11%以上。

2. S1X4(1m,150mm)(表 5-4、表 5-5,图 5-38～图 5-41)

表 5-4　S1X4 孔逐月土壤温度统计表(℃)

S1X4 阳时间	土壤温度 4(0.25m)	土壤温度 3(0.5m)	土壤温度 2(0.75m)	土壤温度 1(1m)
2022-09-23	21.1	22.8	23.8	24.6
2022-10-23	15.9	16.8	17.6	18.6
2022-11-23	10.5	11.4	12.4	13.6
2022-12-23	−0.9	0.2	1.8	3.4
2023-01-23	0.2	1.4	2.3	3.2
2023-02-23	2.9	2.9	3.5	4.1
2023-03-23	9.7	10.5	10.9	11.2
2023-04-23	12.4	12.5	13	13.9
2023-05-23	19.3	19.9	20.4	21

表 5-5　S1X4 孔逐月土壤湿度统计表(%)

S1X4 阳时间	土壤湿度 4(0.25m)	土壤湿度 3(0.5m)	土壤湿度 2(0.75m)	土壤湿度 1(1m)
2022-09-23	18.7	14.7	13.9	3.9
2022-10-23	18.8	14.3	14.4	4.1
2022-11-23	18.9	14.1	14.1	2.4
2022-12-23	11.8	13.9	13.8	2.8
2023-01-23	16.1	13.4	13.2	2.8
2023-02-23	15.1	12.2	12	2.1
2023-03-23	14.7	12.1	12.2	3.3
2023-04-23	14.5	12.2	12.4	3.2
2023-05-23	15	12.4	12.7	3.5

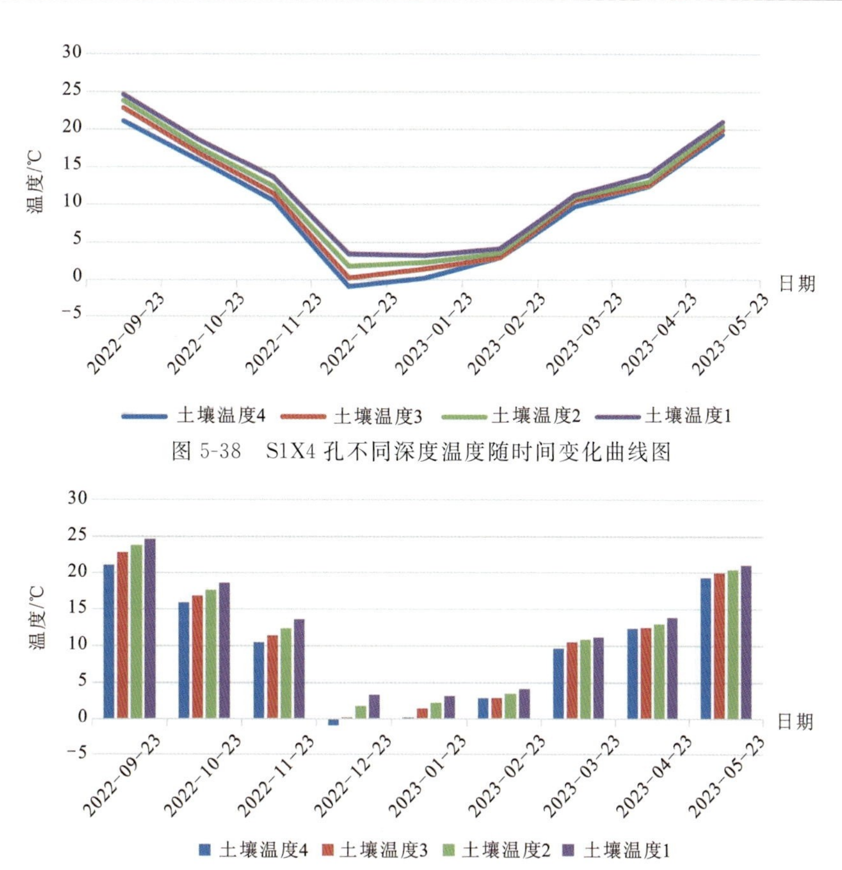

图 5-38　S1X4 孔不同深度温度随时间变化曲线图

图 5-39　S1X4 孔不同时间由浅到深温度变化曲线图

温度变化规律:1m 深孔径 150mm 阳面孔从秋季到冬季,变化规律与 300mm 截然不同,孔内温度往深处逐渐增加,随着深度的增加,增温的幅度秋天降低,到冬天反倒越往深处增温幅度越大。最冷月份为 12 月到次年 1 月,孔内 0.75m 以深保持在 2℃以上。

湿度变化规律:湿度变化随着深度变化特别明显,最深处与最浅处差别 14%,0.5m 和 0.75m 处湿度基本差不多,到 1m 骤降,总体 1m 处湿度值在 2%～4%之间,非常低。

因此,对于 1m 深 150mm 孔径阳面的种植孔来说,0.75m 以深孔内湿度太小不适合植物生长,是 150mm 孔的深度极限。0.5m 深度孔具有更高的经济效益和生态效益,且 150mm 孔内水汽场条件明显劣于 300mm 孔。

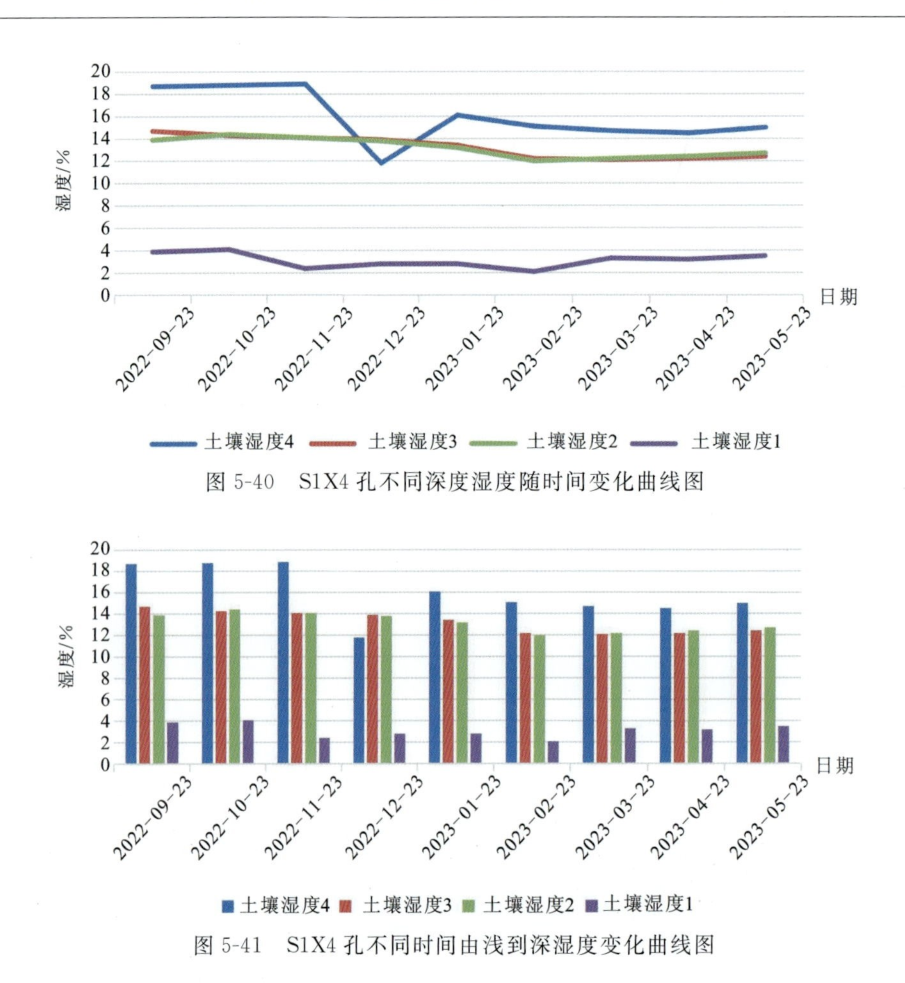

图 5-40　S1X4 孔不同深度湿度随时间变化曲线图

图 5-41　S1X4 孔不同时间由浅到深湿度变化曲线图

3. S1D1(2m,300mm)(表 5-6、表 5-7,图 5-42～图 5-45)

该孔 2022 年 12 月与 2023 年 1 月温度数据缺失,湿度数据湿度 1 整体数据缺失,其他 3 个深度 2023 年 1 月湿度数据缺失,只能比较大概规律。

表 5-6　S1D1 孔逐月土壤温度统计表(℃)

S1D1 阳时间	土壤温度 4(0.5m)	土壤温度 3(1m)	土壤温度 2(1.5m)	土壤温度 1(2m)
2022-09-23	22.7	23.4	23.2	23.5
2022-10-23	16.3	16.9	17	17.4
2022-11-23	11.2	12	12.7	13.2
2022-12-23	1.8	3.2	4.4	4.9
2023-01-23	4.7	5	5.3	5.4
2023-02-23	2.9	2.4	2.6	2.7
2023-03-23	10.5	10.4	9.6	9.2
2023-04-23	12.8	13.2	13.6	13.8
2023-05-23	20.9	21	20.5	20.3
2023-06-23	23.3	21.7	20.7	19.4
2023-07-23	25.5	25.6	24.3	22.7
2023-08-23	26.1	25.7	24.9	24.2

表 5-7　S1D1 孔逐月土壤湿度统计表(%)

S1D1 阳时间	土壤湿度 4(0.5m)	土壤湿度 3(1m)	土壤湿度 2(1.5m)
2022-09-23	15.7	17.4	13.6
2022-10-23	15.7	17.5	13
2022-11-23	15.3	17.2	12.5
2022-12-23	15.1	16.8	12.2
2023-01-23	11.6	14.3	14
2023-02-23	13.3	15.1	10.4
2023-03-23	13.4	15.1	10.4
2023-04-23	13.1	15	10.2
2023-05-23	13.2	15.2	9.8
2023-06-23	15.7	21.7	2.9
2023-07-23	16.8	23.4	3.5
2023-08-23	16.6	23.6	3.5

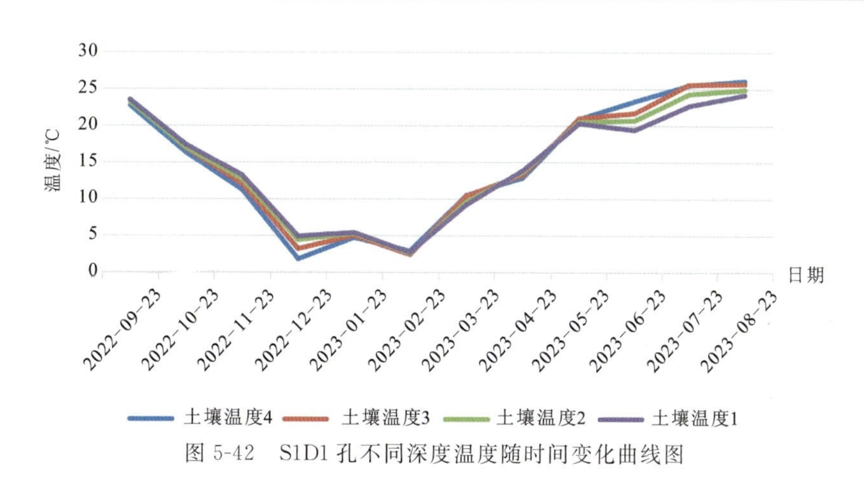

图 5-42　S1D1 孔不同深度温度随时间变化曲线图

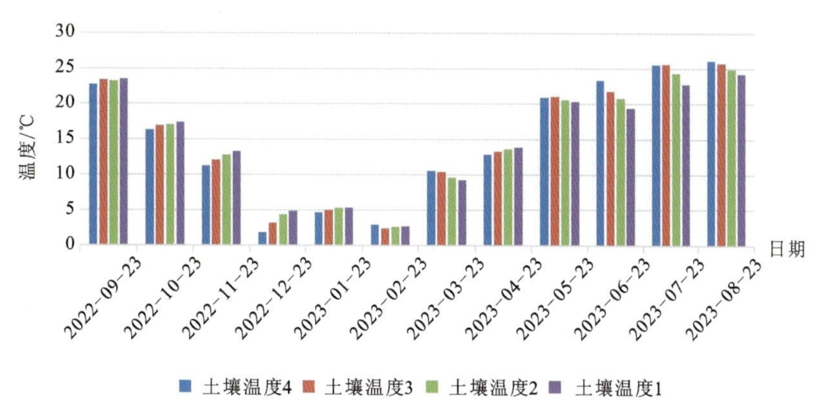

图 5-43　S1D1 孔不同时间由浅到深温度变化曲线图

温度变化规律：2m 深孔径 300mm 阳面孔温度随着深度变化不大，规律不明显。孔内温度保持在 2℃以上。

湿度变化规律：湿度变化随着深度变化特别明显，总体差别不大，不到 4%，从孔口开始增加，到 1m 处达最大，然后降低，所以 1m 深度处为湿度最大值。湿度最低值保持在 10%以上。

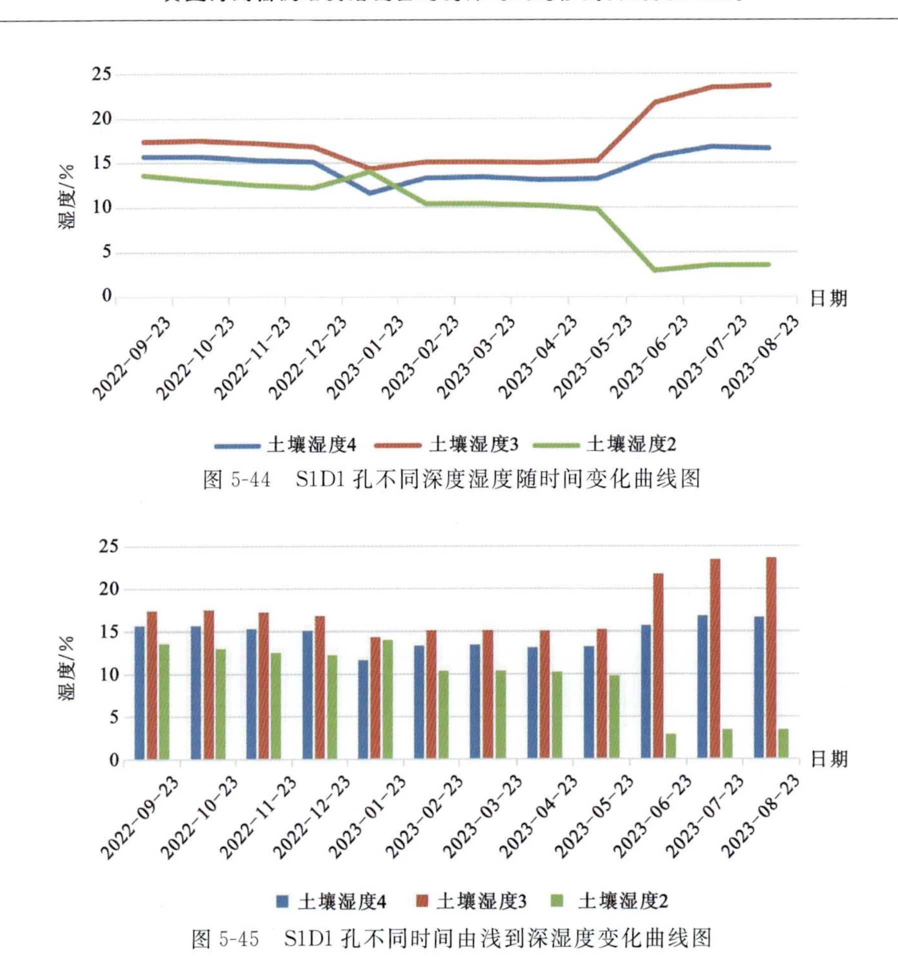

图 5-44　S1D1 孔不同深度湿度随时间变化曲线图

图 5-45　S1D1 孔不同时间由浅到深湿度变化曲线图

因此，对于 2m 深 300mm 孔径阳面的种植孔来说，不同深度水汽场都能满足植物生长需要，但是在 1m 深度处可达到最佳效果，因此 300mm 孔径的孔至少达到 1m 深度能够有更好的生态效果。

4. S1X1(阳 2m,150mm)(表 5-8、表 5-9,图 5-46～图 5-49)

表 5-8　S1X1 孔逐月土壤温度统计表(℃)

S1X1 阳时间	土壤温度 4(0.5m)	土壤温度 3(1m)	土壤温度 2(1.5m)	土壤温度 1(2m)
2022-09-23	22.2	22.9	23.5	23
2022-10-23	16	16.6	17.3	16.8
2022-11-23	10.7	11.7	12.9	12.7
2022-12-23	−0.7	0.4	1.7	1.8
2023-01-23	0.4	0.9	1.4	1
2023-02-23	2.1	2.3	2.7	2.2
2023-03-23	10.4	11.5	12.3	11.4
2023-04-23	12.7	13.3	14.1	13.5
2023-05-23	21.2	21.2	21.4	20.2
2023-06-23	24.7	25.5	25.3	25.7
2023-07-23	26.8	28	28.5	29.5
2023-08-23	25.9	25.5	24.9	24.4

表 5-9 S1X1 孔逐月土壤湿度统计表(%)

S1X1 阳时间	土壤湿度 4(0.5m)	土壤湿度 3(1m)	土壤湿度 2(1.5m)	土壤湿度 1(2m)
2022-09-23	16.7	10.6	3.3	2.1
2022-10-23	17	10.5	2.9	2.1
2022-11-23	21.9	11.9	2.7	2.3
2022-12-23	22	11.6	2.3	2
2023-01-23	19.2	11.4	2.2	1.9
2023-02-23	13.2	8.7	1.8	1.4
2023-03-23	13	9.4	2.5	1.7
2023-04-23	12.9	9.1	2.6	2.1
2023-05-23	13.7	9.4	3.2	2.2
2023-06-23	14.5	10	3.6	2.6
2023-07-23	15.3	10.4	3.9	2.7
2023-08-23	12.4	10	4.5	5.2

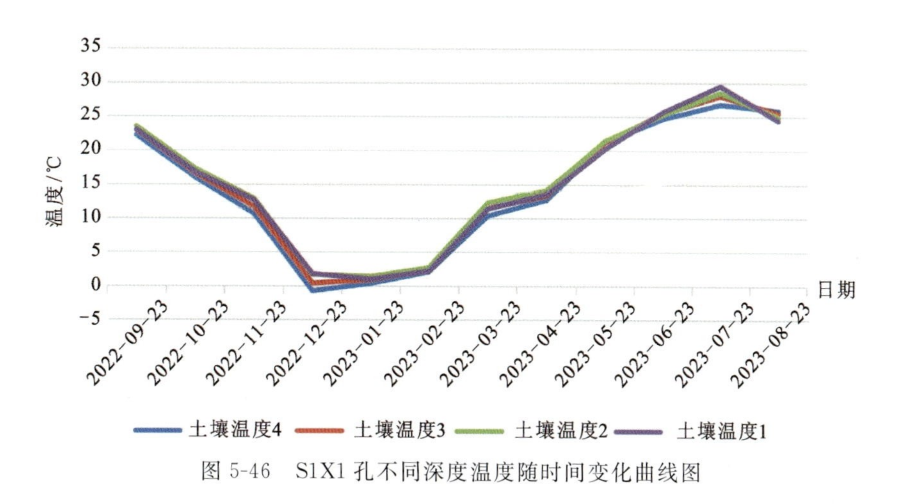

图 5-46 S1X1 孔不同深度温度随时间变化曲线图

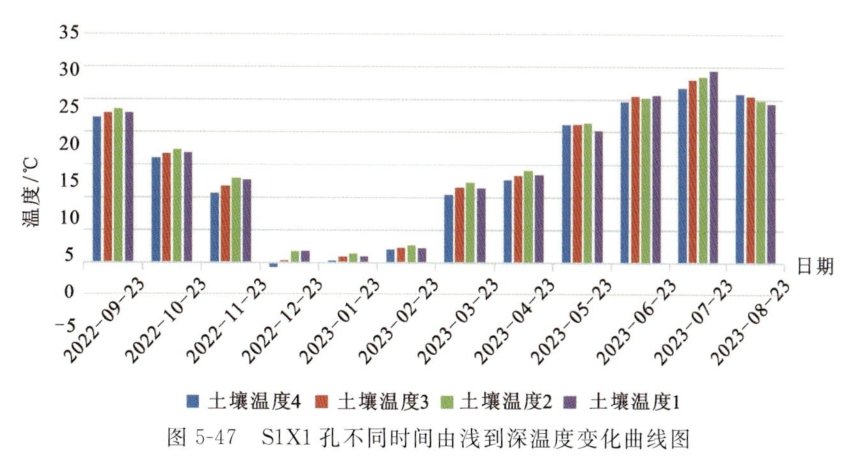

图 5-47 S1X1 孔不同时间由浅到深温度变化曲线图

温度变化规律:2m 深孔径 150mm 阳面孔温度随着深度变化不大,1m 以深温度能够保持常年在 2℃以上。

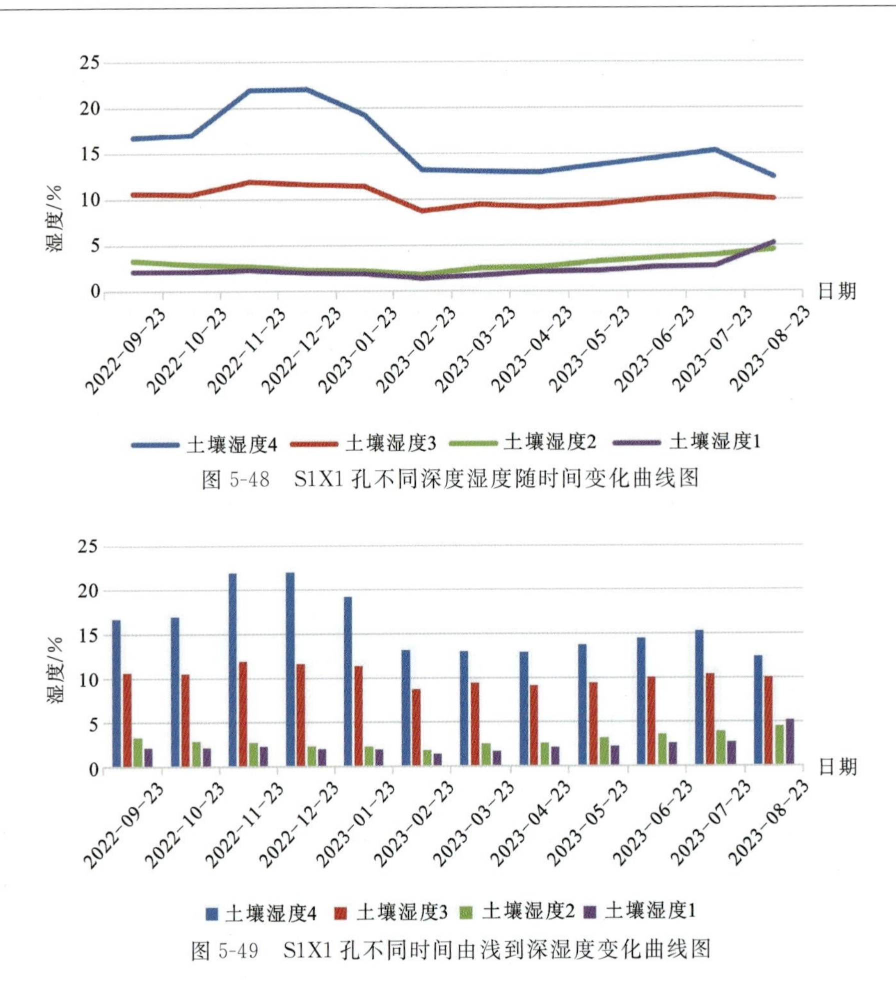

图 5-48　S1X1 孔不同深度湿度随时间变化曲线图

图 5-49　S1X1 孔不同时间由浅到深湿度变化曲线图

湿度变化规律：湿度随着深度的加深越来越低，0.5m 处最高，1m 后湿度骤降，1m 以深湿度降在 4%以下，1m 以浅基本在 10 以上。

因此，对于 2m 深 150mm 孔径阳面的种植孔来说，孔深不能多于 1m，1m 后湿度很难满足植物生长，适合植物生长的最佳水汽场在 0.5m 深度，因此 150mm 孔径的孔不能深于 1m，在 0.5m 深度能够有更好的生态效果。

综上所述，300mm 孔的最佳深度为 0.75～1m，该深度处水汽场最适宜植物生长。150mm 孔最佳深度在 0.5m，相对来说水汽场较适宜植物生长。总体来说，300mm 孔径孔内水汽场明显优于 150mm 孔内水汽场。

二、300mm 孔径最佳孔距研究

试验区位于山东省烟台市长岛海洋生态文明综合试验区南长山岛孙家废弃采坑，采坑岩性为石英岩，基本呈扇形展布，边坡上缓下陡，局部近于直立甚至形成负坡。岩石风化程度为强风化—中风化，岩体极破碎—较破碎。主要结构面为构造节理、层理。

长岛多年平均降水量 550mm，在石英岩崖壁上以孔径 300mm，孔外缘分别为 30cm、60cm、90cm 凿孔绿化进行试验，重塑植物在崖壁上根系生长环境，覆土绿化后，随着灌溉及降水，5 个月内孔外缘 30cm 和 60cm 的岩孔出现了不同程度的坍塌，绿化后 9 个月且经过了雨季后，孔外缘 30cm 的岩孔之间裂隙已经完全连通，孔外缘 60cm 的岩孔之间裂隙有相向发展的趋势，而 90cm 岩孔一直是安全的。绿化两年后，孔外缘 30cm 的岩孔已坍塌，孔外缘 60cm 的岩孔之间裂隙明显增多，90cm 孔外缘距仍然保持良好，详见图 5-50～图 5-53。

图 5-50　绿化 5 个月孔外缘 30cm 岩孔照片

图 5-51　绿化 5 个月孔外缘 60cm 岩孔照片

图 5-52　绿化 9 个月孔外缘近 90cm 岩孔照片

图 5-53　不同孔距崖壁凿孔后效果对比照片

因此，对于孔径为 300mm 的石英岩，结合经济方面和绿化效果，孔中心距 1.2m，即孔外缘距 90cm 是安全的。

三、长岛石英岩体裂隙率统计研究

根据体裂隙率调查，采用公式(4-10)～公式(4-12)计算每个岛屿体裂隙率。计算结果详见表 5-10。

表 5-10　长岛体裂隙率调查结果表

序号	野外编号	体裂隙率/%	所属岛屿
1	NC01	4.34	南长山岛山前村
2	NC02	0.74	南长山岛望夫礁景区
3	BC01	0.45	北长山岛嵩前北城村
4	BC02	9.70	北长山岛店子村
5	MD01	2.16	庙岛庙岛村
6	DHS01	1.46	大黑山岛码头村
7	XHS01	0.29	小黑山岛码头村
8	BH01	2.55	北隍城岛码头村
9	BH02	2.68	北隍城岛码头村西
10	NH01	1.09	南隍城岛南村
11	DQ01	0.66	大钦岛南村
12	XQ01	1.19	小钦岛村码头村
13	TJ01	2.02	砣矶岛码头南

从表中可以看出，长岛 10 个岛屿山体体裂隙率为 0.29%～9.70%，平均为 2.26%，将其用图表示（图 5-54）可以明显看出，体裂隙率较大只有 2 处，分布位于南长山岛和北长山岛，该 2 座岛屿均进行了 2 处位置的体裂隙率调查，均为 1 处数值较大，另外 1 处与其他测量数据相差不大。将其从 0.29%～10%划分为 10 个区间，得到分布区间图（图 5-55），从图中可以看出，大部分山体体裂隙率分布在 0.29%～3%之间。根据调查现场照片，所有调查点都是人工开挖的坡脚，所以南北长山岛 2 处体裂隙率偏大应为开挖时所用开挖方法不同导致山体局部出现体裂隙率突然增大情况，因此属于偶然情况。故我们认为长岛开挖山体的体裂隙率大概率应位于 0.29%～3%之间。

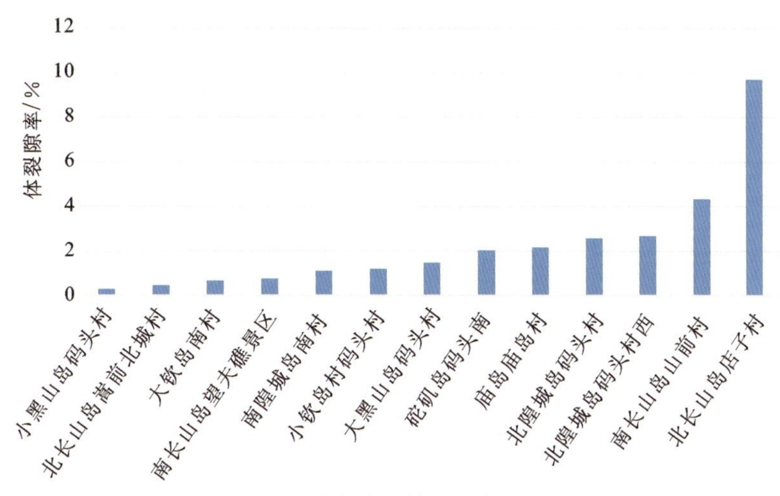

图 5-54　长岛各岛屿体裂隙率测量结果图

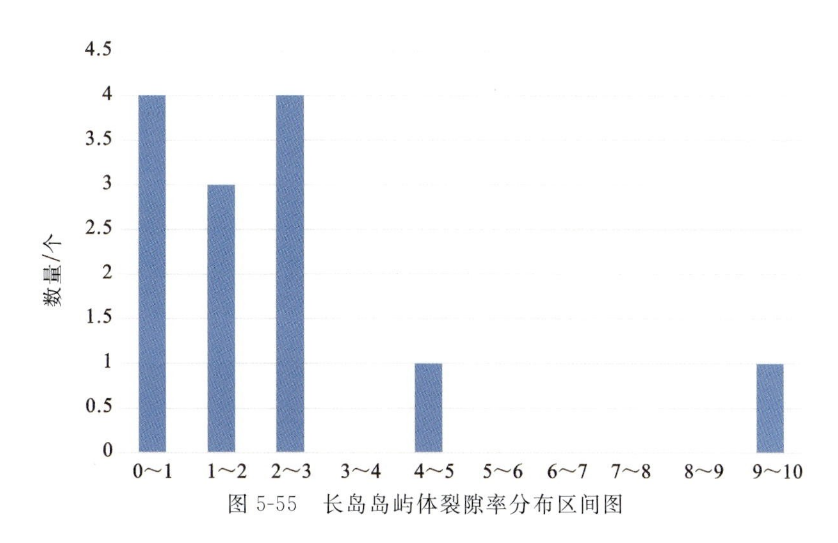

图 5-55　长岛岛屿体裂隙率分布区间图

根据调查表，各个岛屿调查点不同倾向裂隙共 26 组，将所有裂隙倾向换算为 0°～180°之间，按照 45°间隔进行分类统计，得到图 5-56，从图中可以看出，裂隙绝大部分倾向位于 135°～180°之间，其次为 0°～90°，90°～135°最少。根据山体的特征，即山体中裂隙大部分为与铅垂方向夹角较小，山体中裂隙上下连通较好。岩质边坡裂隙网络发育的方向不仅决定了植物根系的生长方向，还关系到裂隙内是否能够截留和储存供植物生长的土壤与吸收利用的水分。根据前人研究（余启明等，2019），裂隙岩体内水汽在水汽分压作用下春、夏、秋季由上到下运移，冬季由下到上运移。长岛石英岩裂隙的主要倾向使得岩体能够尽可能沟通山体上下较大范围内的裂隙水，尤其是张性裂隙被土壤填充的情况下，其裂隙的倾向对裂隙土壤中毛细水的向上运移也有一定的辅助作用。因此，上下连通较好的裂隙能够给崖壁凿孔植物提供更多的水分，有利于植物生长。

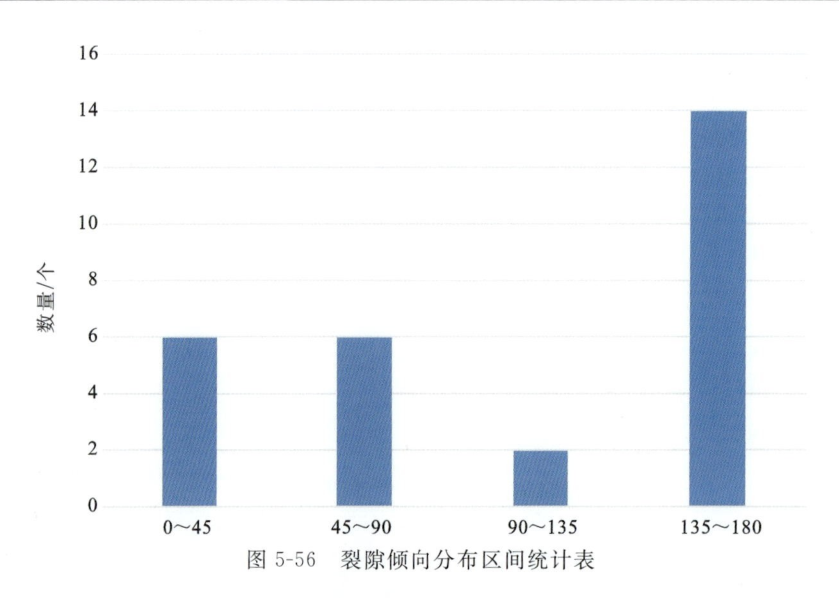

图 5-56　裂隙倾向分布区间统计表

本次 10 个岛屿共调查 145 条裂隙，裂隙宽度 0.1～26mm，平均为 1.33mm，将裂隙宽度分类后，得到图 5-57 和图 5-58，从图中可以看出，研究区裂隙宽度主要为 0.1～1mm，其中 0.1～0.5mm 最多，因此，裂隙宽度均较小。但我们知道，植物根系有很强的可塑性，能扎根于小于根系直径的裂隙，最小裂隙为 0.1mm，因此，研究区调查裂隙足够植物根系扎入。

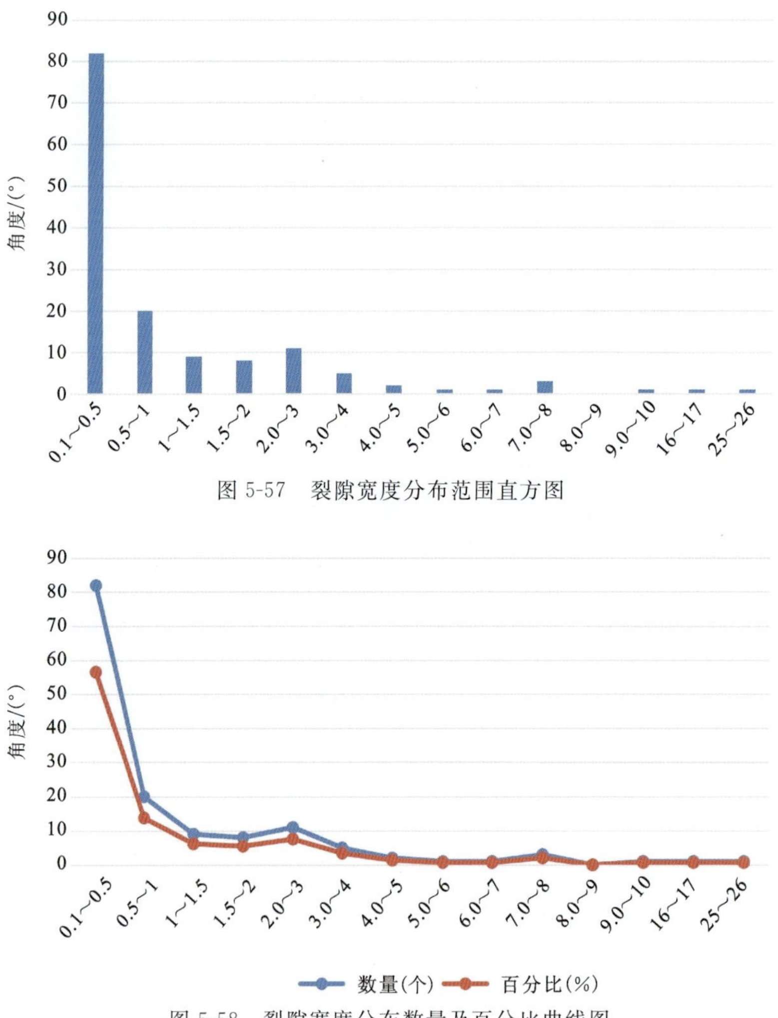

图 5-57　裂隙宽度分布范围直方图

图 5-58　裂隙宽度分布数量及百分比曲线图

第三节　规律小结

(1)300mm 孔径的孙家试验区与 150mm 孔径的小东山试验区相比,4 个孔内温度差不多,变化曲线类似,但是湿度却相差很大,300mm 孔径土壤湿度数值接近 150mm 孔径土壤湿度数值的 2 倍,150mm 孔径内土壤湿度变化曲线与温度类似,300mm 孔径内土壤湿度变化曲线总体趋势接近温度曲线,但是在冬天降雪期间,日照强度低,蒸发量小,降水量增加,300mm 孔径内监测的湿度比 150mm 孔径内明显有提高,这对植物生长特别有利。

(2)新孔监测结论:阳面孔距离孔口越近,温度变化越大,而且夏季孔口温度明显大于内部温度,到秋季(10 月 1 日)以后孔口温度反而低于孔内部温度,300mm 孔孔深 2m 的孔 1.5m 和 2.0m 深度温度在炎热季节非常相近,150mm 孔径 2m 处温度略低于 1.5m 处,300mm 孔 2m 深度在秋冬季是温度最高的。湿度方面 150mm 孔的孔口湿度数值最大,300mm 孔反而是距离孔口 1m 湿度大于孔口且为最大。1m 深度的孔 0.75m 和 1m 深度温度基本一致,夏季距离孔口近处温度略高于孔内部,进入 10 月份,孔口温度突然降低,低于孔内部温度。湿度为孔口最大,越往深处水分越低。150mm 孔比 300mm 孔孔口温度变化更加剧烈,在 10 月份有孔口温度超过内部的情况,这在 300mm 孔径中不会发生。

(3) 对于孔径为 300mm 的石英岩,结合经济方面和绿化效果,孔中心距 1.2m,即孔外缘距 90cm 是安全的。

(4)10 个岛屿共调查 145 条裂隙,裂隙宽度 0.1～26mm,平均为 1.33mm,研究区裂隙宽度主要为 0.1～1mm,其中 0.1～0.5mm 居最多,因此,裂隙宽度均较小。植物根系有很强的可塑性,能扎根于小于根系直径的裂隙,最小裂隙为 0.1mm,因此,研究区调查裂隙足够植物根系扎入。

第六章　结论与建议

灰岩崖壁凿孔绿化试验证明 150mm 孔径以上不同孔径内水汽场类似，绿化效果不受孔径影响。但是根据项目组初步研究，对于非含水层岩性的石英岩高陡崖壁不同孔径孔内水汽场却有很大差别，需要进一步研究其规律，以便服务于生态修复，为进行黄金海岸打造提供依据。本次研究选择岩性单一的石英岩作为研究对象，通过地境再造技术重塑植物根系生长环境，并研究高陡崖壁绿化方法，为生态修复解决难点问题。本研究开展过程中值得学习和推广的亮点有 3 个：

一是建立了山东省首个高陡石英岩崖壁生态修复监测系统，提出了孔内生态演化规律认识，找到了大小孔径最具经济效益和生态效益的孔深。

在高陡石英岩崖壁上按照阴阳面、不同孔径（150mm、300mm）、不同孔深（1m、2m）进行了崖壁凿孔试验和持续监测，在大小口径的崖壁凿孔中通过二分法置入孔内监测设备，建立起既有重叠又有区别的高陡崖壁绿化监测系统，即每个孔平均布设 4 个温湿度监测设备，分析孔内水汽场规律，发现地境再造技术在高陡石英岩崖壁上是可行的。石英岩崖壁不同孔径孔内水汽场规律为：大口径效果明显优于小口径，300mm 孔径孔内湿度是 150mm 孔径的 2 倍；300mm 孔内温度比 150mm 更加不受外界干扰，总体温度变化区间小，易于植物生长。阳面明显优于阴面。同时发现，孔内温度和湿度与孔深非线性关系，具体为在整个孔深范围内的某一点出现极值，且不同孔径的极值点出现的深度并不相同，结合温度传递公式 $q=HA(T-T_0)$，土壤与石英岩平均传热系数不同，流体温度与物体表面温度的温度差都会影响孔内温度变化，湿度是由空气中的温度和水蒸气的压力测得，因此不同孔径不同深度处的温度和湿度都不是线性变化的，且随着季节有不同的变化规律。根据监测数据综合分析，对比孔内不同位置的温度和湿度，得到 300mm 孔最佳深 0.75～1m，150mm 孔最佳深 0.5m 的结论。

二是创新提出了适合岛屿高陡石英岩崖壁的生态修复方案，确定了崖壁凿孔最佳孔径、孔距，首次采用乔木作为崖壁凿孔绿化植物，是国内的首次尝试，并进行了生长适应性研究，取得了良好的示范应用效果。

对高陡石英岩崖壁，提出了以角度拼接的方式开展的 300mm 大孔径钻探方法，节省成本，降低施工难度。对高陡石英岩崖壁凿孔过程中产生的径向裂纹、侧向裂纹、中间裂纹进行了相关研究，发现崖壁凿孔会增加石英岩所凿孔的 3 种裂纹，这些裂纹产生的小裂隙增加了石英岩山体赋存水分的能力，通过计算发现 300mm 大孔径崖壁凿孔的安全条件下最具绿化效益的最小孔距为孔中心距 1.2m。进行典型石英岩体裂隙率调查发现体裂隙率为 0.1～1mm，其中 0.1～0.5mm 最多，满足植物根系生长的空间要求，又由于裂隙倾向近垂直，有利于孔隙水的运移，为植物生长提供了更多的水分。监测发现孔内温度为 0～25℃，可为植物提供适宜的生长温度，大小孔径 1m 以内湿度都能很好满足植物生长需要。黑松耐旱耐贫瘠，根系生长好后可健康生长，适合－5～30℃的温度和偏酸性的土壤。石英岩成分 85％以上为 SiO_2，岩性和孔内水汽场均适宜黑松生长，因此本次在崖壁凿孔中首创性地引入黑松这一乔木，并搭配扶芳藤，更好地利用空间绿化（图 6-1 左），8 个月后黑松和扶芳藤都存活且长势良好（图 6-1 右），试验了乔木在崖壁凿孔中的适应性。

图 6-1　黑松和扶芳藤孔中种植照片(左)和生长 8 个月后照片(右)

三是在旅游城市，发明了带二维码的夜间可视警戒牌，安全警示作用全天候得以实现。

本次在警示牌上植入二维码，通过手机扫码即可读取项目简介，对项目有基本的了解，由于试验区在景区，现场有将来检查或者测试用的爬梯 4 个，为防止游客攀爬，在警示牌上又装入小型太阳能储电装置，白天储电后，晚上依然能够让文字被看到，可很好地警示游客不要攀爬(参见图 4-69～图 4-72)。

生态修复是一个系统工程，涵盖的范围广、深度大，不但有地上的工作，也涉及地下的土壤、水等各方面的工作，需要根据实际工作和修复需求不断完善和开展研究，更高标准地为美丽祖国建设添砖加瓦，作为地质人，是职责，是担当，也是荣誉。相信在一辈辈地质工作者的努力中，必将一步一个脚印，不断推陈出新，提升生态修复效果，为子孙后代保留一片蓝天一方净土！

主要参考文献

白冰珂,赵国红,尹峰,等,2019.高陡岩质边坡覆绿植物成活的生态因子分析[J].安全与环境工程,26(5):33-52.

曹艳玲,吴波,王峰,等,2020. 石英岩高陡边坡植物根系环境重塑研究:以长岛石英岩为例[J].矿产勘查,11(10):2324-2329.

陈法扬,1985.不同坡度对土壤冲刷量影响试验[J].中国水土保持(2):24-30.

陈晓安,蔡强国,张利超,等,2010.黄土丘陵沟壑区坡面土壤侵蚀的临界坡度[J].山地学报,28(4):415-421.

邓勇,陈勉,金衍,等,2016.冲击作用下岩石裂纹长度预测模型及数值模拟研究[J].石油钻探技术(7):41-46.

董斌,张喜发,李欣,等,2008. 毛细水上升高度综合试验研究[J]. 岩土工程学报,30(10):1569-1574.

胡世雄,靳长兴,1999.坡面土壤侵蚀临界坡度问题的理论与实验研究[J].地理学报,54(4):347-356.

黄贤金,杨达源,2016.山水林田湖生命共同体与自然资源用途管制路径创新[J].上海国土资源,37(3):1-4.

黄志强,范永涛,魏振强,等,2010.冲旋钻头破岩机理仿真研究[J].西南石油大学学报(自然科学版),32(1):148-150.

纪昌明,张照煌,叶定海,2008.盘形滚刀刀间距对岩石跃进破碎参数的影响[J].应用基础与工程科学学报,16(2):255-263.

贾昊冉,宁立波,李明,等,2014.岩体裂隙的生态学意义研究:以河南省宜阳县锦屏山采石场为例[J].环境科学与技术,37(9):48-54.

蒋冲,穆兴民,马文勇,等,2015.秦岭南北地区绝对湿度的时空变化及其与潜在蒸发量的关系[J].生态学报,35(2):378-388.

李华翔,宁立波,黄景春,等,2017.裂隙岩体水汽场内温湿度分布及汽液转化规律研究[J].水文地质工程地质,44(6):9-14,24.

刘丰敏,杨斌,薛丽影,等,2021. 粘性土初始水力坡度试验研究[J].工程勘察(6):5-10.

刘青泉,陈力,李家春,2001. 坡度对坡面土壤侵蚀的影响分析[J].应用数学和力学,22(5):449-457.

刘威尔,宇振荣,2016.山水林田湖生命共同体生态保护和修复[J].国土资源情报(10):37-39.

刘永贵,王洪英,2008.徐深气田气体钻井破岩机理的初步研究[J].石油学报,29(5):773-776.

吕秋丽,杨海华,2019.不同土质孔隙结构特点及其毛细水上升规律分析[J].能源与环保,41(5):102-106.

罗松,郑天媛,2001.采石场遗留石质开采面阶梯整形覆土绿化方法研究[J].中国水土保持,28(2):36-37.

齐庆庚,蒋高明,2004.矿山废弃地生态重建研究进展[J].生态学报,24(1):95-100.

宋佳航,严绍军,项伟,等,2022.大足石刻宝顶山砂岩毛细水迁移特性影响因素[J].地质科技通报,41(4):282-291,300.

苏绘梦,黄景春,王玲,等,2017.高陡岩质边坡植被根系发育地境特征研究[J].中南林业科技大学学报,37(11):56-62.

谭青,张魁,周子龙,等,2010.球齿滚刀作用下岩石裂纹的数值模拟与试验观测[J].岩石力学与工程学报(1):163-169.

王波,王夏晖,2017.推动山水林田湖生态保护修复示范工程落地出成效——以河北围场县为例[J].环境与可持续发展(4):4.

王奇志,辜彬,寒烟,等,2006.舟山市庆丰废弃采石场的植被恢复方案探讨[J].中国水土保持,33(6):34-36.

徐恒力,孙自永,马瑞,2004.植物地境及物种地境稳定层[J].地球科学:中国地质大学学报,29(2):239-246.

徐小荷,余静,1984.岩石破碎学[M].北京:煤炭工业出版社.

杨冰冰,夏汉平,黄娟,等,2005.采石场石壁生态恢复研究进展[J].生态学杂志,24(2):181-186.

余启明,宁立波,赵国红,等,2019.裂隙岩体水汽场湿度季节变化规律研究[J].水电能源科学,37(12):91-94.

宇振荣,郧文聚,2017."山水林田湖"共治共管"三位一体"同护同建[J].中国土地(7):4.

袁磊,周建伟,温冰,等,2017.石灰岩质高陡边坡覆绿生态地质指标阈值研究[J].长江科学院院报,34(7):36-40.

张化民,2013.大口径旋挖碎岩机研究及钻具设计[D].成都:成都理工大学.

张龙齐,贾国栋,吕相融,等,2023.控制坡度条件下黄土高原不同质地坡面土壤侵蚀研究[J].陕西师范大学学报(自然科学版),51(6):11-24.

张梦涛,邱金淡,颜冬,2004.客土喷播在边坡生态修复与防护中的应用[J].中国水土保持科学,2(3):10-12.

张燕,陈洪年,王小兵,等,2022.华北地区石灰岩质高陡边坡修复先锋植物遴选[J].中国地质灾害与防治学报,33(5):109-118.

张燕,葛江琨,李洪亮,等,2022.高陡岩质边坡体裂隙率与植物生长速度的关系研究[J].安全与环境工程,29(4):93-100.

张杨,冯文新,董宏炳,等,2019.高陡岩质边坡覆绿植物生态需水量计算[J].安全与环境工程,26(6):23-33.

赵伏军,2004.动静荷载耦合作用下岩石破碎理论及试验研究[D].长沙:中南大学.

郑理,2016.如何推进山水林田湖生态保护修复[J].中国生态文明(5):25.

朱海燕,刘清友,邓金根,等,2018.冲旋钻井条件下的岩石破碎机理[J].应用基础与工程科学学报,(12):622-631.

BOESCH D F,2006. Scientific requirements for ecosystem-based management in the restoration of Chesapeake Bay and Coastal Louisiana[J]. Ecological Engineering, 26(6):6-26.

CHAPMAN P, REED D,2006. Advances in coastal habitat restoration in the northern Gulf of Mexico[J]. Ecological Engineering, 26(3):1-5.

HE S J, SU G J,2000. Evaluation method and its application to the potentiality of wasteland reclamation of China's abandoned mining areas[J]. Geograph Res,19(2):165-172.

HOWARTH D F, BRIDGE E J ,1988. Microfracture beneath blunt disccutters in rock [J]. International Journal of Rock Mechanics and Mining Sciences and Geomechanics Abstracts,25(1):35-38.

KOU S Q,1995. Some basic problems in rock breakage by blasting and by indentation[D]. Sweden: Lulea University of Technology.

NECKLES H A, DIONNE M, BURDICK D M, et al. , 2002. A monitoring protocol to assess tidal restoration of salt marshes on local and regional scales[J]. Restoration Ecology,10(3):556-563.

NIENHUIS P H, GULATI R D,2002. Ecological restoration of aquatic and semi－aquatic ecosystem in the Netherlands: an introduction[J]. Hydrobiologia,478:1-6.

RENNER F G,1936. Conditions influencing erosion of the Boise River watershed[J]. VS Dept Agric Tech Bull:528.